Die Bibliothek der Technik
Band 267

Die äußere Schaltung

Funktion, Komponenten, Anwendungen

Hubert P. Büchs

verlag moderne industrie

Dieses Buch wurde mit fachlicher Unterstützung der Jopp GmbH erarbeitet.

sv corporate media, D-80992 München
www.sv-corporate-media.de
Abbildungen: Seite 1 (Fahrzeug), Nr. 40, 44 BMW AG; Nr. 7 aus: Dach, Hansjörg; Gruhle, Wolf-Dieter; Köpf, Dieter: *Pkw-Automatgetriebe. Sicher, komfortabel und wirtschaftlich fahren.* (Die Bibliothek der Technik, Bd. 88). Zweite, überarbeitete Auflage. verlag moderne industrie, Landsberg am Lech, 2001, S. 44; Nr. 8 aus: *Der neue Golf.* Sonderausgabe von ATZ und MTZ. Oktober 2003, D58922, S. 66; Nr. 9 aus: Eberspächer, R.; Goddel, Th.; Wefers, Chr.: *Das Schaltgetriebe und Schaltungskonzept des Mercedes A-Klasse.* VDI-Berichte Nr. 1393, 1998, S. 500 und 501; Nr. 10, 21 aus: Lechner, G.; Nauheimer, H.: *Fahrzeuggetriebe.* Springer Verlag, 1994, S. 229 und 230; Nr. 18 aus: Leiseder, Ludwig M.: *Mechanische Betätigungszüge. Grundlagen und Anwendungen.* (Die Bibliothek der Technik, Bd. 99). verlag moderne industrie, Landsberg am Lech, 1994, S. 35; Nr. 23 aus: *Ford Transit. Das Transporterprogramm.* 10/2003 (S. 21), Ford Werke AG, Köln; Nr. 33 aus: Büchs, H. P.: *Getriebe-Außenschaltungen. Realisierungsmöglichkeiten für Schalt- und Sicherheitsfunktionen.* VDI-Berichte 1393, 1998, S. 315; Nr. 45 Porsche AG, Stuttgart; alle übrigen Jopp GmbH, Bad Neustadt
Satz: abc.Mediaservice GmbH, Buchloe
Druck: Himmer, Augsburg
Bindung: Thomas, Augsburg
Printed in Germany 889004
ISBN 3-937889-04-3

Inhalt

Einführung

Meilensteine der Getriebeentwicklung

Bereits der Motorwagen von Benz aus dem Jahr 1886 hätte eine Schaltung benötigt. Doch der Schwerpunkt der Entwicklung lag damals auf der Motorentechnik und so begnügte man sich damit, die Drehmomente in konventioneller Technik auf die Antriebsräder zu übertragen.

Lederriemen übersetzte Drehmoment

Ein Lederriemen übersetzte das Drehmoment des Motors auf die Riemenscheibe einer Vorgelegewelle. Neben einer festen Riemenscheibe war eine lose Scheibe gleicher Größe gelagert, auf die der Riemen mithilfe eines Hebels umgelegt werden konnte, um Leerlauf zu erzeugen. Diese Art, zwischen zwei Fahrstufen zu schalten, kannte man von den Transmissionen. Der Antrieb des Rads erfolgte mithilfe eines zwischen Vorgelegewelle und Radachse positionierten Kettentriebs.

Aber bereits 1889 rüsteten Daimler Maybach ihr motorgetriebenes Fahrzeug mit einem 4-Gang-Getriebe mit Schieberädern aus. 1890 folgte bei Peugeot ein kompletter Antriebsstrang mit Kupplung, Schieberad und Differenzialgetriebe. Das Schalten dieser Getriebe erforderte jedoch viel Erfahrung und Übung, um beim Schaltvorgang die Schieberäder der Vorgelegewelle mit der Antriebswelle zu synchronisieren.

Schalten leichter gemacht

Deshalb wurden ab 1915 zahlreiche Schalterleichterungen entwickelt, die in der heute bekannten 1- bis 3fach-Synchronisation, in automatisierten Handschaltgetrieben und Doppelkupplungsgetrieben ihren vorläufigen Entwicklungshöhepunkt fanden. 1940 wurde von General Motors der erste Wandler-Stufenautomat – das erste Automatikgetriebe – in ein Fahrzeug eingebaut.

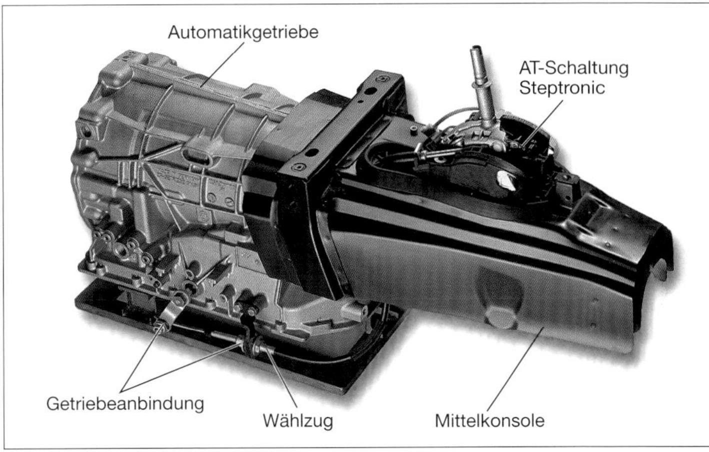

Abb. 1: Wahlbetätigung BMW Steptronic mit Automatikgetriebe

Parallel zur Entwicklung der Getriebe veränderten sich die äußeren Schaltungen vom zunächst einfachen Schalthebel hin zur komplexen Wahlbetätigung (Abb. 1). Die äußere Schaltung wird im allgemeinen Sprachgebrauch bei Handschaltgetrieben auch »Handschaltung«, »manuelle Schaltung«, »Schalthebel« oder nur »Schaltung«, im Falle von Automatikgetrieben, CVT-Getrieben »Wählbetätigung« oder »Automatikschaltung« und bei automatisierten Handschaltgetrieben »elektronischer Schalthebel« oder »Shift-by-Wire-Schaltung« genannt. Im englischen Sprachraum werden diese Schaltungen als »MT-shifter« (manuelle Schaltung), »AT-shifter« (Automatikschaltung) und »SbW-shifter« (elektronischer Schalthebel) bezeichnet.

Bezeichnungen für äußere Schaltungen

Getriebe und Schaltung

Ein idealer Motor wäre in der Lage, das gewünschte Drehmoment, das zur gewünschten Beschleunigung proportional ist, über den gesamten Drehzahl- und Geschwindigkeitsbereich abzugeben. Diese Voraussetzung ist bei den heute im Einsatz befindlichen Verbrennungsmotoren mit zyklischer Verbrennung, die entweder nach dem Otto- oder dem Dieselverfahren arbeiten, jedoch nicht gegeben. Stattdessen steht ein nutzbares Motordrehmoment erst oberhalb einer bestimmten Motordrehzahl zur Verfügung. Die Leistungsfähigkeit des Motors, und damit die Antriebsleistung P, wächst mit der Drehzahl. Das maximale Drehmoment T_{max} und folglich auch die maximale Zugkraft wird bereits bei mittleren Drehzahlen erreicht. Diesen Zusammenhang zeigt Abbildung 2 (links) am Beispiel eines leistungsfähigen Motors der Mittelklasse.

T_{max} bereits bei mittleren Drehzahlen

Will man eine gute Beschleunigung des Fahrzeugs sowohl aus dem Stand heraus als auch bei höheren Fahrgeschwindigkeiten unter Ausnutzung der vollen Leistungsfähigkeit des Motors erreichen und gleichzeitig einen guten Wirkungsgrad erzielen, muss das Drehzahlverhältnis zwischen Kurbelwelle und den Antriebsrädern fortlaufend an die Fahrgeschwindigkeit angepasst werden. Diesem Zweck dienen die Getriebe, die diese Aufgabenstellung annähernd erfüllen können. Je mehr Gänge ein Getriebe besitzt, desto wirkungsvoller und ökonomischer lässt sich die Motorleistung in Fahrbeschleunigung und Fahrgeschwindigkeit umsetzen. Abbildung 2 (rechts) zeigt anhand eines 5-Gang-Getriebes, in welchem Umfang bei einer bestimmten Geschwindigkeit sich mit den verschiedenen Gängen eine optimale Annäherung an die Zugkrafthyperbel H erreichen lässt. Die Zugkrafthyperbel ist die Kurve konstanter Motorleistung – beispielsweise der maximalen Motorleistung –, die nahe der Höchstdrehzahl erreicht wird. Wäre nur eine feste Drehzahlübersetzung verfügbar, z. B. der fünfte Gang, könnte die Leistungsfähigkeit des Motors im unteren Geschwindigkeitsbereich

Mehr Gänge, mehr Effizienz

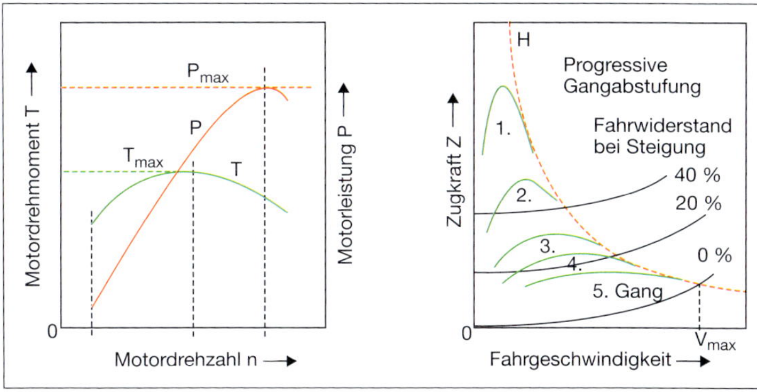

Abb. 2:
Links: Kennlinien eines Verbrennungsmotors
Rechts: Zugkrafthyperbel und Zugkraft in den Gängen

des Fahrzeugs nur zu einem sehr geringen Prozentsatz genutzt werden. Beim Anfahren wäre über weite Strecken mit rutschender Kupplung zu fahren.

Um die Gänge verschleiß- und geräuscharm, Kraft sparend sowie einfach einlegen zu können, wird sowohl eine innere Schaltung – eine Vorrichtung im Getriebe – als auch eine äußere Schaltung in Griffweite des Fahrers benötigt. Die Schaltbewegung des Fahrers wird von der äußeren Schaltung auf die innere Schaltung und von dort auf die Synchronisiereinrichtung der Zahnradstufen übertragen. Mit der manuellen Schaltung können drei Fahrstufen (Vorwärtsgang, Rückwärtsgang und Leerlauf bzw. Neutralstellung) geschaltet werden. Mit Automatikgetrieben ist eine weitere Fahrstufe, die Parkstellung, schaltbar.

Drei oder vier Fahrstufen

In der Praxis sind beim Pkw Handschaltgetriebe mit drei bis sechs Gängen oder automatische Getriebe mit drei bis sieben Gängen und einem Rückwärtsgang im Einsatz. Handschaltgetriebe mit vier Vorwärtsgängen und einem Rückwärtsgang stellen mehr als die Hälfte der im Einsatz befindlichen Getriebe dar. Sie werden mit einer so genannten H-Schaltung geschaltet (Abb. 3), bei der in zwei Schaltgassen

H-Schaltung dominiert

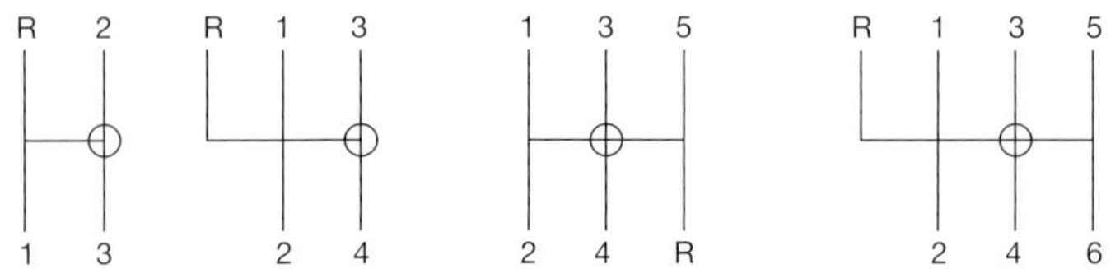

Abb. 3: Die H-Schaltung: Schaltungsvarianten für 3- bis 6-Gang-Getriebe

die Gänge 1 und 2 sowie 3 und 4 einander gegenüberliegen. Der Rückwärtsgang liegt bei Linkslenkerfahrzeugen entweder in einer separaten Gasse links oder rechts von den Schaltgassen oder bei 5-Gang-Getrieben in der dritten Schaltgasse hinter dem fünften Gang. Die Neutralposition (Leerlauf) des Schalthebels befindet sich üblicherweise zwischen dem dritten und vierten Gang bzw. dem zweiten und dritten Gang bei älteren Getrieben mit nur drei Gängen. Bei Getrieben mit sechs Gängen liegt der Rückwärtsgang in einer vierten Gasse.

Höhere Anforderungen

Die Entwicklung von äußeren Schaltungen folgt der Getriebeentwicklung und insbesondere den Möglichkeiten der Mechatronik, die zunehmend in die Motor-, Kupplungs- und Getriebesteuerung Einzug hält. Ursache dafür sind gestiegene Anforderungen an die Fahrzeuge im Allgemeinen und an das Getriebe im Besonderen. Diese lassen sich folgendermaßen zusammenfassen:

- Reduzierung des Kraftstoffverbrauchs pro Kilometer Fahrstrecke
- Senkung der Schadstoffemissionen
- Reduzierung von Geräuschemissionen sowohl nach außen als auch nach innen
- Steigerung der Fahrleistung und der Dynamik
- Verbesserung von Fahrkomfort, Fahrbarkeit und insbesondere auch der Schaltbarkeit
- Differenzierung und Abgrenzung von den Wettbewerbern in Bezug auf Technik und Design

- Sicherstellung hoher Produktqualität und Lebensdauer
- Kostengünstige Umsetzung der genannten Anforderungen

Funktionsweise und Aufbau von äußeren Schaltungen unterliegen folgenden Merkmalen:

- dem Getriebetyp
- dem Grad der Automatisierung des Getriebes
- dem Grad der Integration in die Bordelektronik (Getriebesteuerung und CAN-Bus)
- der Schaltphilosophie des Automobilherstellers
- dem Design des Innenraums
- der Platzierung innerhalb des Fahrzeugs

Ausführungen und Sicherheitsstandards

Zahlreiche Ausführungen

Schaltbare Getriebe werden überall dort eingesetzt, wo verschiedene Gänge komfortabel und ohne wesentliche Unterbrechung geschaltet werden sollen. Da jede Anwendung ganz spezifische Anforderungen stellt, führte die Getriebeentwicklung zu einer Vielzahl von Ausführungsformen. Selbst wenn man sich auf Personenkraftfahrzeuge mit üblicherweise vier bis fünf Sitzplätzen beschränkt, ist die Zahl der Ausführungen noch immer sehr groß. Abbildung 4 gibt einen Überblick über die Einbauvarianten im Pkw.
Bei den Getriebearten sind zu unterscheiden:

- Handschaltgetriebe (Manual Transmissions; MT)
- Automatisierte Handschaltgetriebe (Automatic Manual Transmissions; AMT oder ASG®)
- Doppelkupplungsgetriebe (DKG)

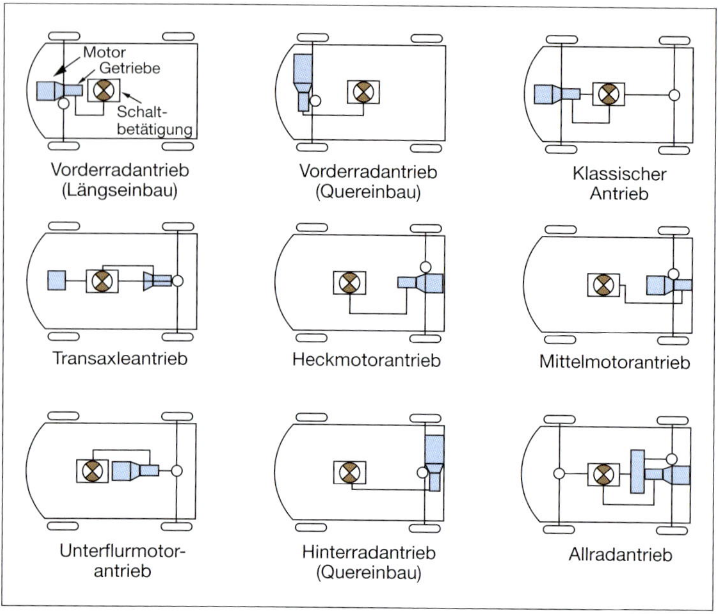

Abb. 4: Getriebe-einbauvarianten

- Wandler-, Stufenautomat- oder Automatikgetriebe (Automatic Transmission; AT)
- Stufenlose Getriebe (Continuously Variable Transmissions; CVT)
- Sonstige Getriebe

Zunahme von AMT- und AT-Getrieben

Studien zufolge wird bis zum Jahr 2010 in Westeuropa mit einem Anteil an AMT-Getrieben von rund 11 bis 20 % und einem weiteren Anstieg der AT-Getriebe auf 40 % gerechnet. Abbildung 5 zeigt anhand eines Vergleichs der Jahre 1990, 2001 und 2010 (auf Basis der prognostizierten Zahlen), wie die Verteilung der Getriebevarianten aussehen wird.
Aufgrund der Selbstverpflichtung des Verbands der europäischen Automobilhersteller (ACEA) zur Reduzierung des Flottenverbrauchs, der ab dem Jahr 2008 zu einer Reduktion des CO_2-Ausstoßes auf 140 g je Kilo-

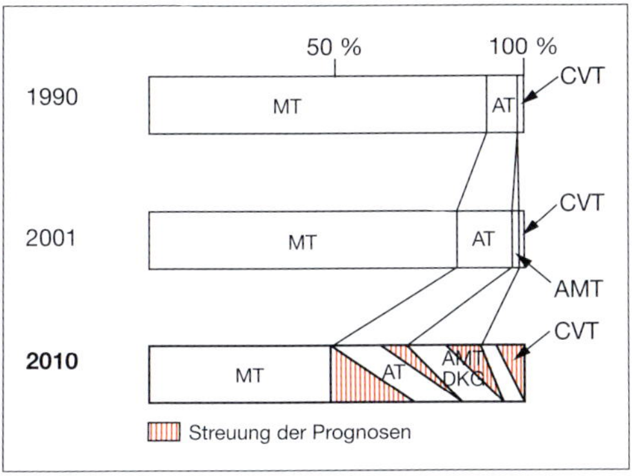

Abb. 5: Entwicklung der Getriebevarianten bis 2010

meter führen soll, wird neben anderen Entwicklungen der Kraftstoffeinsparung mithilfe verbesserter Getriebekonzepte hohe Priorität beigemessen. Da AMT-Getriebe den Kraftstoffbedarf je nach Motorleistung um bis zu 9 % gegenüber MT-Getrieben und um bis zu 20 % gegenüber AT-Getrieben reduzieren können, lassen sich auf diese Weise erhebliche Einsparungen erzielen. Aus diesem Grund arbeiten alle bedeutenden Automobilhersteller an entsprechenden Konzepten. Nachteilig an den konventionellen AMT-Getrieben ist allerdings die Zugkraftunterbrechung während des Schaltvorgangs, die zu Längsbeschleunigungen führt und vom Fahrer als unangenehm empfunden wird. Diese lässt sich mit einem Doppelkupplungsgetriebe (DKG) reduzieren, das den Fahrkomfort im Vergleich zu AMT-Getrieben erheblich verbessert.

Senkung des Kraftstoffverbrauchs

Für die Schaltung der Getriebe haben sich Standards herausgebildet. Teilweise sind diese durch gesetzliche Vorschriften wie z. B. in den Vereinigten Staaten (Federal Motor Vehicle Safety Standard) festgelegt. Dies gilt für die Funktionalität bestimmter Sicherheitsvorkehrungen (Keylock und Interlock) sowie für die Anordnung der Parkstellung (P), des Rück-

Gesetzlich geregelte Standards …

… und Quasi-Standards

wärtsgangs (R), der Neutralstellung (N), der Fahrstellung (D) und der Vorwärtsgänge bei Automatikgetrieben, die in der Reihenfolge P, R, N, D, 3, 2, 1 festgelegt ist; teilweise haben sich Quasi-Standards etabliert (z. B. Shiftlock-Sperre). Als internationaler Standard, der aber nicht durch Vorschriften geregelt ist, gilt die Lage der Gänge bei manuellen Schaltungen (siehe Abb. 3, S. 8). Für die Schaltsystematik von automatisierten Handschaltgetrieben (AMT) hat sich noch kein einheitlicher Standard herausgebildet. Die Schaltlogik dieser »Shift-by-Wire«-Schaltungen (SbW) befindet sich noch in der Entwicklung und ist von Hersteller zu Hersteller verschieden.

Funktion der Getriebeschaltung

Funktion des Getriebes

Abbildung 6 zeigt das Modell eines gleichachsigen 5-Gang-Getriebes mit Vorgelegewelle. Die Kupplungsscheibe, die mit der Getriebeeingangswelle verbunden ist, muss das maximale Motordrehmoment und dynamische Überhöhungen im eingekuppelten Zustand schlupffrei übertragen. Beim Anfahren und teilweise auch beim Schalten ist dagegen Schlupf notwendig, da der Drehzahlunterschied zwischen Kurbelwelle und Getriebeeingangswelle bei eingelegtem Gang harmonisch überwunden werden muss, um einen Ruck (Fahrzeuglängsbeschleunigung) oder ein »Abwürgen« des Motors zu vermeiden.

Drehzahl und Drehmoment des Motors werden durch zwei Zahnräder (Konstante) auf der Getriebeeingangswelle und der Vorgelege-

Abb. 6: Gleichachsiges Vorgelegegetriebe (MT) mit fünf Gängen und einem Rückwärtsgang mit innerer Schaltung und Schaltwelle

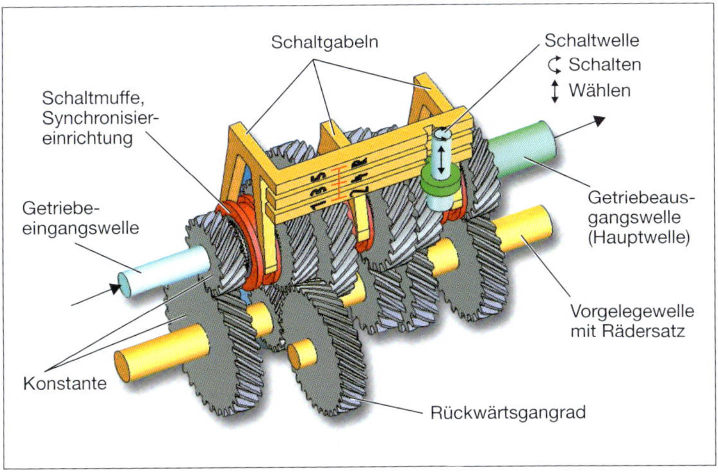

welle auf die Vorgelegewelle übertragen. Die Zahnräder sind mit diesen Wellen fest verbunden. Die Getriebeausgangswelle, die als Hauptwelle bezeichnet wird, ist koaxial zur Getriebeeingangswelle angeordnet, mit dieser jedoch nicht verbunden. Weitere Zahnräder der Vorgelegewelle kämmen mit Zahnrädern, die auf der Hauptwelle angeordnet, mit dieser aber nicht kraftschlüssig verbunden sind. Dadurch ist es möglich, dass sich Getriebeeingangs- und Vorgelegewelle sowie alle Zahnräder drehen, die Hauptwelle aber steht. Zwischen den nadelgelagerten Zahnrädern auf der Hauptwelle sind die Synchronisationseinrichtungen angeordnet, die das gewünschte Zahnrad mit der Hauptwelle formschlüssig verbinden können. Damit lässt sich eine bestimmte Übersetzung zwischen Getriebeeingangs- und und -ausgangswelle (Hauptwelle) unter Vermittlung der Vorgelegewelle schalten. Das Übersetzungsverhältnis ergibt sich aus dem Zähnezahlverhältnis der im Einsatz befindlichen Zahnräder. Da das Verhältnis der Zähnezahl der einzelnen schaltbaren Zahnradpaare unterschiedlich ist, ergeben sich folglich unterschiedliche Drehzahl- und Drehmomentübersetzungen.

Zahnräder mit Hauptwelle synchronisieren

Der Wandler-Stufenautomat (AT) verfügt anstelle der Reibkupplung über einen hydrodynamischen Drehmomentwandler bzw. über eine hydrodynamische Kupplung und eine Überbrückungskupplung, die ein komfortables Anfahren und Schalten ermöglichen. Abbildung 7 zeigt diesen Getriebetypus im Schnitt.

Aufbau mit Planetenradsätzen

Moderne AT-Getriebe sind mit Planetenradsätzen in koaxialer Bauweise aufgebaut. Die Schaltung der Gänge, einschließlich des Rückwärtsgangs, erfolgt in der Weise, dass einzelne oder mehrere Getriebeelemente (Gehäuse, Planetenräder, Sonnenräder, Hohlräder) über Lamellenkupplungen, Bremsen und/oder Frei-

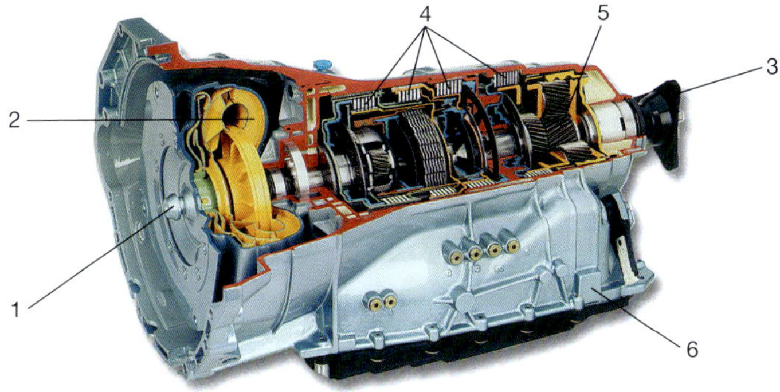

Abb. 7: Wandler-Stufenautomatikgetriebe (AT) ZF 6 HP 26
1 Getriebeeingangswelle
2 Wandler
3 Hauptwelle
4 Lamellenkupplungen
5 Planetenradsätze
6 Getriebesteuerung

läufe miteinander reibschlüssig verbunden werden. Das Schalten der Kupplungen und Bremsen erfolgt hydraulisch, wobei die Druckenergie durch eine integrierte Pumpe erzeugt wird und die Schaltventile mechanisch oder elektromechanisch bzw. elektronisch angesteuert werden. Da bei abgestelltem Motor kein Hydraulikdruck vorhanden ist, sind alle Kupplungen offen und damit der Leerlauf (Neutral) geschaltet. Um ein Wegrollen des Fahrzeugs zu vermeiden, muss die Parksperre eingelegt werden, die die Hauptwelle formschlüssig mit dem Getriebegehäuse verbindet und damit blockiert.

Zwei Vorgelegewellen

Die Funktion eines Doppelkupplungsgetriebes entspricht weitgehend der des manuellen Getriebes mit dem Unterschied, dass jede der koaxial angeordneten Kupplungen einer eigenen Getriebeeingangswelle zugeordnet ist, die beispielsweise jeweils eine Vorgelegewelle antreibt. Dadurch können Gänge, die auf einer Vorgelegewelle angeordnet sind, nicht aufeinanderfolgend ohne Zugkraftunterbrechung geschaltet werden. Abbildung 8 zeigt ein solches Getriebe im Schnitt.

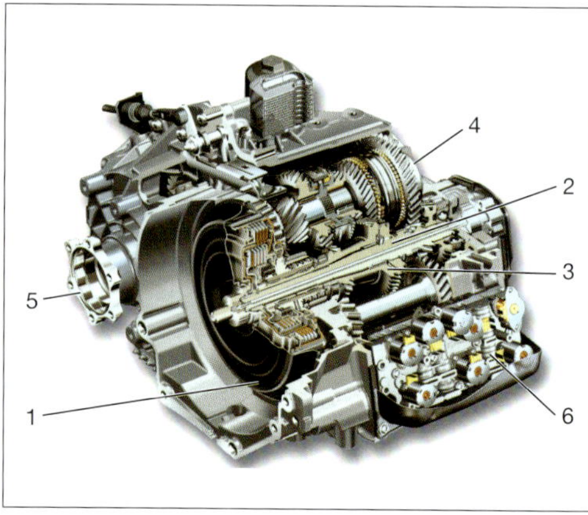

Abb. 8: Doppelkupplungsgetriebe DSG (DKG)
1 Kupplungen
2 Eingangswelle 1
3 Eingangswelle 2
4 Vorgelegewellen
5 Abtrieb
6 Getriebesteuerung

Gegenläufiges Verstellen der Variatorscheiben

CVT-Getriebe kommen in unterschiedlicher Bauweise zum Einsatz. Die bekanntesten verfügen entweder über eine Laschen- oder Schubgliederbandkette, die je zwischen zwei Kegelradpaaren läuft. Die Übersetzung lässt sich ändern, indem die kegeligen Variatorscheiben gegenläufig axial verstellt werden, wodurch sich Antriebs- und Abtriebsradius gegenläufig verändern und damit eine stufenlose Anpassung des Übersetzungsverhältnisses erreicht wird. Als Kupplung dient bei modernen Getrieben ein hydrodynamischer Wandler mit Überbrückungskupplung. Im Stillstand wird eine Parksperre benötigt.

Der Schaltvorgang

Einrücken der Klauenkupplung

Beim Schaltvorgang in einem Handschaltgetriebe (MT) geht es darum, ein bestimmtes Zahnrad, das auf der Hauptwelle angeordnet ist, formschlüssig mit dieser zu verbinden. Dies geschieht über Klauenkupplungen, die während der Drehung eingerückt werden. Bei einer komfortablen Schaltung erfolgt dies mithilfe einer wellenfesten Synchronisiereinrichtung, die sicherstellt, dass zwischen den zu kuppelnden Elementen zunächst Gleichlauf erreicht wird, bevor die Klauenkupplung Formschluss herstellt. Zu diesem Zweck wird mithilfe einer Schaltmuffe, die axial gegen das zu kuppelnde Zahnrad verschoben wird, und einem dazwischenliegenden Synchronring ein Reibmoment auf dieses Zahnrad ausgeübt und dieses so lange beschleunigt oder verzögert, bis Gleichlauf erreicht ist.

Erzeugen von Gleichlauf

Der Schaltvorgang besteht in der axialen Verschiebung der Schaltmuffe. Die dafür benötigte Kraft hängt ab von den zu beschleunigenden oder zu verzögernden Massen, der Schaltgeschwindigkeit, der konstruktiven Ausführung der Synchronisiereinrichtung und der Drehzahldifferenz zwischen Zahnrad und Synchronkörper (Hauptwelle).

Die innere Schaltung

Umsetzung der Schaltbewegung

Die innere Schaltung setzt die Schaltbewegung des Fahrers in eine axiale Bewegung der Schaltmuffe um. Die Elemente, die die Schaltmuffe verschieben, sind die Schaltgabeln, die mit Trägerblechen verbunden sind. Der Schaltnocken einer Schaltwelle greift in die Nut eines Trägerblechs ein. Durch Verdrehen der Schaltwelle lässt sich das Blech verschieben, wodurch über die Schaltgabel und die Schaltmuffe der entsprechende Gang geschaltet wird (siehe Abb. 6, S. 13). Durch axiale Verschiebung der Schaltwelle wird eines von mehreren Trägerblechen ausgewählt und damit auch die gewünschte Schaltgabel und das gewünschte Gangpaar. Zur inneren Schaltung zählt auch die innen liegende Rückwärtsgangsperre, die verhindert, dass der Rückwärtsgang unbeabsichtigt eingelegt werden kann. Die Elemente der inneren Schaltung lassen sich zu zwei Modulbaugruppen zusammenfassen, getrennt montieren und als geprüfte

Wählen und Schalten mit der Schaltwelle

Funktionsbaugruppe in das Getriebe einbauen. Das erste Modul ist das gerade beschriebene *Schaltgabel-*, das zweite das *Schaltwellenmodul.* Im Schaltwellenmodul sind folgende Elemente zusammengefasst: Gehäuse zur Aufnahme der Funktionselemente, die Lagerung für die Schaltwelle, das Hebelwerk für die Längs- und Drehbewegung der Schaltwelle, Seilzuganbindungen für Schalt- und Wählbewegung, die Schaltkulisse mit Rückwärtsgangsperre, eine Schwungmasse auf der Schaltwelle zur Verbesserung der Schaltbarkeit, Bremslichtschalter, zusätzliche Sensoren zur Erfassung des Schalt- und Wählvorgangs sowie Befestigungselemente und Fixierelemente für die Verbindung mit dem Getriebegehäuse. Eine solche Einheit zeigt Abbildung 9.

Bei teil- oder vollautomatisierten Schaltgetrieben kommen Schaltwalzen zum Verschieben der Schaltgabeln zum Einsatz. Diese werden durch Elektromotoren angetrieben und sind nach beiden Seiten drehbar. Durch Drehen der Walze lassen sich die Gänge sequenziell durchschalten, das Überspringen von Gängen

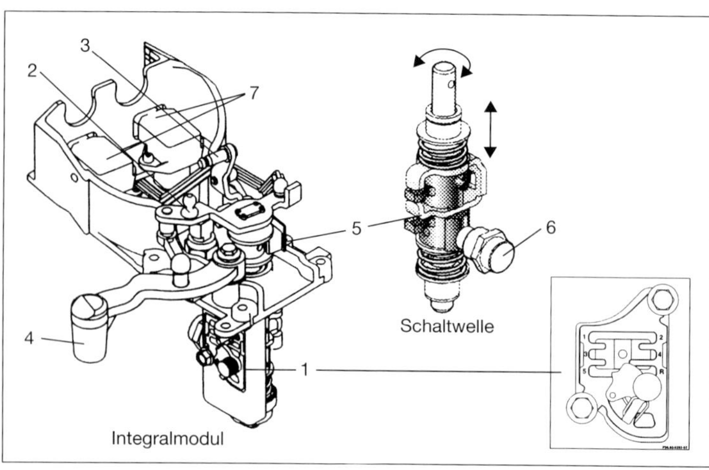

Abb. 9: Schaltwellenmodul (Mercedes Integralmodul)
1 Schaltkulisse und Rückwärtsgangsperre
2 Schaltzuganbindung
3 Wählzuganbindung
4 Schwungmasse
5 Schaltwelle
6 Bremslichtschalter
7 Gangerkennungsschalter

ist nicht möglich. Vorteil dieser Art der inneren Schaltung ist die Schaltsicherheit, ungünstig jedoch der große Raumbedarf.

Schaltwalze

Wähl- und Schaltbewegung werden von der äußeren Schaltung durch Seilzüge oder Schaltstangen gegebenenfalls auch durch elektrodynamische oder elektrohydraulische Stellglieder (Aktuatoren) auf die Schaltwelle übertragen. Eine modifizierte Ausführung einer inneren Schaltung verfügt über eine zentrale Schaltwelle mit Wählschwingen.

Übertragungs-elemente

Die äußere Schaltung

Direkte …

Äußere Schaltungen lassen sich in *direkte Schaltungen* einteilen (Abb. 10), bei denen der Schalthebel direkt in die Schaltwelle eingreift, und in *Fernschaltungen* oder *indirekte Schaltungen*, bei denen die Schaltbewegungen durch Übertragungselemente auf die Schaltwelle einwirken. Bei AT- und CVT-Getrieben wird das Wort »Schalten« durch den Begriff »Wählen« ersetzt. Zur äußeren Schaltung zählen Schalthebel, Schaltbetätigung, Elemente zur Übertragung der Schaltbewegung sowie die Getriebeanbindung.

… oder indirekte Schaltungen

Die Schaltungen im Getriebe werden von außen eingeleitet und ausgeführt – entweder direkt bzw. indirekt durch den Fahrer oder durch eine elektronische Steuerung, die ohne Einwirkung des Fahrers nach einer festgelegten Schaltstrategie vollautomatisch arbeitet. Die Einleitung der Schaltung erfolgt bei MT-Getrieben durch Muskelkraft, bei automatisierten Schaltgetrieben durch elektrodynamische bzw. elektrohydraulische Aktuatoren.

Wählen und Schalten

Ein Gang wird eingelegt, indem die gewünschte Gasse gewählt und die Schaltbewegung durchgeführt wird. Die Schaltbewegung erfolgt üblicherweise in Fahrzeuglängsrichtung. Während der Schaltbewegung erfolgt die Syn-

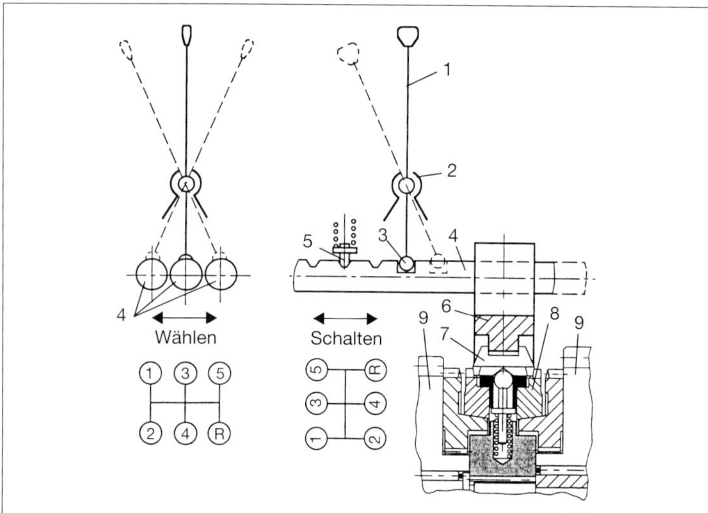

Abb. 10:
Direktschaltung
1 Schalthebel
2 Kugelgelenk
3 Schaltfinger
4 Schaltwellen
5 Rastierung
6 Schaltgabel
7 Schaltmuffe
8 Synchronrad
9 Zahnräder

chronisation der Zahnräder und das Einrücken der Klauenkupplung. Zu diesem Zweck muss die Schaltkraft aufgebracht werden. Eine Schaltung wird als gut beurteilt, wenn

- die Schaltkräfte gering sind,
- der Schaltkraftverlauf stetig ist,
- Schalt- und Wählwege kurz sind,
- der Schalthebel spielfrei ist,
- eine exakte Rastierung des Schalthebels vorliegt,
- das Schaltschema logisch und einfach ist,
- der Rückwärtsgang sich einfach einlegen lässt und die Rückwärtsgangsperre leicht überwunden werden kann,
- Getriebe- und Motorschwingungen vom Schalthebel ferngehalten werden,
- der Schaltknauf angenehm in der Hand liegt,
- ergonomische Gesichtspunkte beachtet sind,
- Fehlbedienungen weitgehend ausgeschlossen sind und
- ein ansprechendes Design vorliegt.

Unter Schaltbarkeit versteht man die Summe aller Gesichtspunkte, die bei der Bedienung von Schalthebel und Kupplung durch Hand und Fuß von Bedeutung sind. Eine Kenngröße zur Beurteilung der Schaltbarkeit stellen Wähl- und Schaltwege dar. Sind diese zu groß, empfindet der Fahrer das Schalten als aufwändig und unkomfortabel. Bei zu kleinen Wegen entsteht eine gewisse Unsicherheit bezüglich der gewählten Gasse. Überschaltwege nach beiden Seiten sollten begrenzt sein und die Endanschläge eine hohe Steifigkeit aufweisen, da somit der Eindruck einer exakten Schaltung verbessert wird. Freie Spiele des Schalthebels sollten aus dem gleichen Grund in allen Gangpositionen minimiert sein.

Kenngröße Wähl- und Schaltweg

Die Reibungskräfte sind für alle Schalthebelstellungen gering zu halten. Dies gilt insbesondere für die Wählbewegung, die gegen eine definierte, aber nicht zu große Rückstellkraft erfolgt. Eine große Hysterese könnte zur Folge haben, dass die selbsttätige Rückstellung des Schalthebels in die Grundposition zwischen dem dritten und vierten Gang nicht präzise und schnell erfolgt. Dies würde dazu führen, dass ein Schalten in den dritten oder vierten Gang erst nach Einfädeln in die Schaltkulisse stattfinden kann, was die Schaltbarkeit negativ beeinflusst. Abbildung 11 zeigt mögliche Kraft-Weg-Verläufe in Abhängigkeit von der Wählbewegung bei einem 5-Gang-Getriebe.

Geringe Reibungskräfte

Existiert für die Rückwärtsgangsperre eine eigene Schaltgasse, muss, sofern keine zu lösende Rückwärtsgangsperre eingebaut ist, für die Wählbewegung eine drei- bis fünffach höhere Querkraft vorgesehen werden als bei den sonstigen Gassen, um ein unbeabsichtigtes Anwählen des Rückwärtsgangs zu vermeiden.

Drei- bis fünffache Querkraft

Der Schaltweg zum Einlegen des Gangs sollte so kurz wie möglich sein. Dazu ist eine reibungsarme und steife Gestaltung der Kraft-

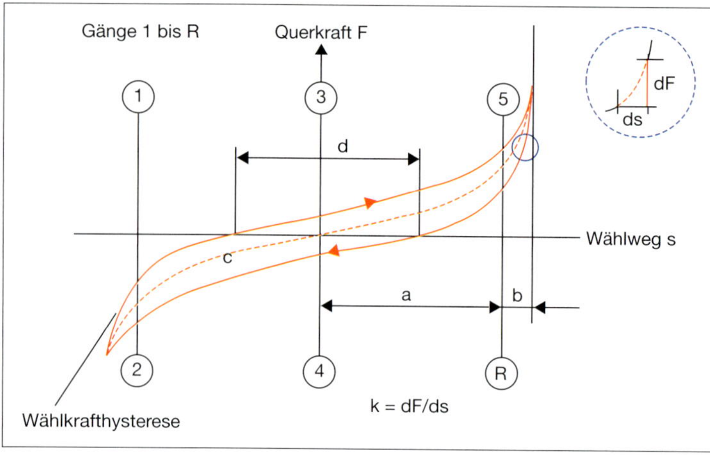

Abb. 11: Kraft-Weg-Diagramm für die Wählbewegung
a Wählweg
b Überschaltweg
c Idealer Schaltkraftverlauf
d Indifferente Schalthebelposition in der Neutralstellung
k Anschlagsteifigkeit

übertragung auf die Schaltmuffe notwendig. Ist der Gang eingelegt, muss der Schalthebel eine stabile Position einnehmen; andernfalls wird die Schaltung als weich und schwammig beurteilt. Für die Überschaltwege gilt das Gleiche wie für die Wählbewegung. Der qualitative Kraftverlauf einer Schaltung ist in Abbildung 12 dargestellt. Will man eine komfortable Schaltung erreichen, sind Kraftüberhöhungen innerhalb dieses Kraftverlaufs zu vermeiden. Die Schwungmasse auf der Schaltwelle trägt dazu bei.

Beurteilung der Schaltbarkeit

Eine wichtige Größe zur Beurteilung der Schaltbarkeit ist das Synchronisationsintegral, dessen Wert von der Auslegung des Getriebes und der Kupplungsscheibe abhängt und das weder zu groß (hohe Schaltkraft) noch zu gering (geringe Schaltkraft) sein darf, damit eine deutliche haptische Rückwirkung (spürbares Einrasten des Gangs) erhalten bleibt.

Position und Ausrichtung der Schaltung sind ebenfalls wichtige Kriterien zur Beurteilung der Schaltbarkeit. Der Schaltknauf sollte in Höhe des Ellenbogens des Fahrers liegen und ohne

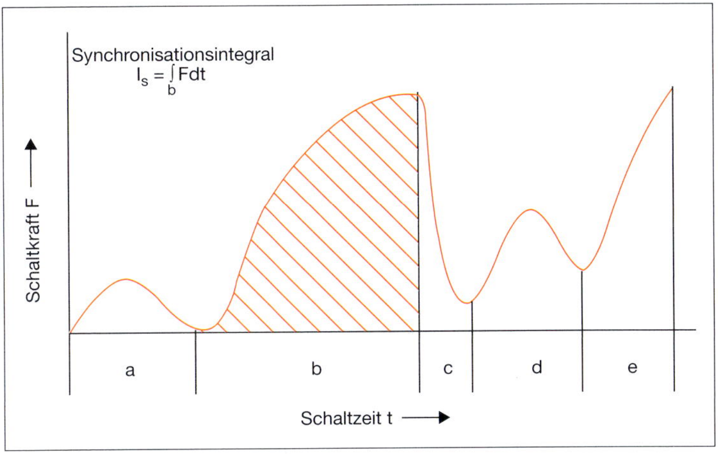

Abb. 12:
Qualitativer Schaltkraftverlauf für eine MT-Synchronisation
a Auslegen des Gangs
b Synchronisation
c Freiflugphase
d Einfädeln
e Endanschlag

Bewegung des Oberkörpers erreichbar sein. Idealerweise sollte die Schaltrichtung in Kraftflussrichtung liegen. Bei Pkw ist dies in der Regel aus gestalterischen Gründen nicht, bei Nutzfahrzeugen mit höheren Schaltkräften teilweise der Fall.

Die Schaltbarkeit des Rückwärtsgangs wird durch die Auslegung der Rückwärtsgangsperre beeinflusst. Bekannt sind Varianten, in denen der Schalthebel nach unten gedrückt werden muss. Die Kraft, die dafür erforderlich ist, darf weder zu groß noch zu klein sein, um Fehlbedienungen zu vermeiden. Triggerringe, welche die Rückwärtsgangsperre lösen und unterhalb des Knaufs angeordnet sind, müssen gut erreichbar sein.

Vermeidung von Vibrationen und Geräuschen

Vibrationen des Schalthebels werden vom Fahrer als unangenehm empfunden und führen, obwohl sie nicht direkt die Schaltbarkeit beeinflussen, zu einer negativen Beurteilung. Auch die Schaltvorgänge selbst können Rast-, Anschlag- oder Reibgeräusche verursachen. Durch weiche Endanschläge, Maßnahmen zur Vibrationsabkopplung und Minimierung der

Reibung lassen sich diese Geräusche reduzieren oder sogar vermeiden.

Wesentlich: Subjektive Beurteilung

Im Gegensatz zur Schaltbarkeit, die zumindest teilweise nach objektiven, quantifizierbaren Kriterien erfassbar ist, stehen Begriffe wie »Schaltgefühl« und »Haptik« ausschließlich für subjektive Beurteilungsgrößen. Dennoch haben sie für den Fahrer eine wesentliche, wenn nicht sogar die größte Bedeutung bei der Beurteilung einer Schaltung. Insofern spielen das Material des Knaufs, die Temperatur, die Rauigkeit und Griffigkeit, die Wärmeleitfähigkeit und Elastizität, die Vibrationen und Bewegungen des Schalthebels sowie alle zur äußeren Schaltung gehörenden Bedienelemente eine große Rolle.

Schwingungsdurchleitung und Schwingungsdämpfung

Die Weiterentwicklung von Kraftfahrzeugen in den letzten Jahren hat dazu geführt, dass Geräusche und Schwingungen erheblich verringert werden konnten. Neben vielen anderen schwingungsdämpfenden Maßnahmen versucht man heute, das Durchleiten von Schwingungen, die vom Getriebe über das Schaltgestänge bzw. die Wirkverbindung zwischen innerer und äußerer Schaltung weitergeleitet werden und als Vibrationen am Schalthebel spürbar sind, zu reduzieren bzw. zu eliminieren und vom Fahrgastraum abzukoppeln.

Schwingungsursachen

Bewegungen von Motor und Getriebe führen zu Relativbewegungen zwischen Getriebe und Schalthebel, dessen Lagerstelle im Allgemeinen mit dem Chassis fest verbunden ist. Diese, Unwuchten und andere Störquellen verursachen Schwingungen am Schalthebel. In Abbildung 13 ist dieser Sachverhalt vereinfacht dargestellt. Aus dieser Darstellung ergibt sich unmittelbar, dass eine starre Verbindung zwischen Getriebe und Schalthebel die Schwin-

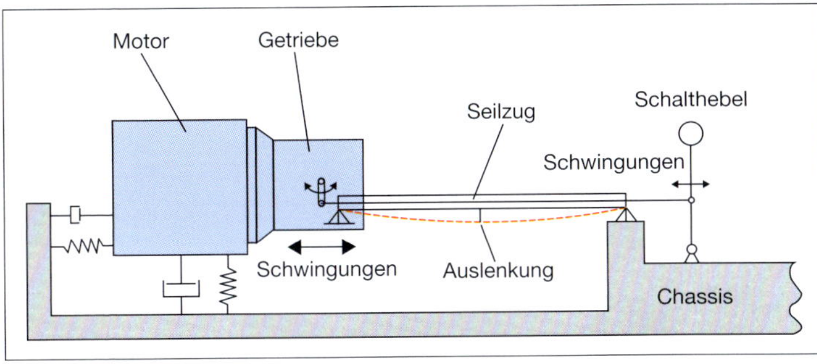

Abb. 13: Schematische Darstellung der Anordnung der für die Schwingungsdurchleitung relevanten Baugruppen

gungen in Fahrzeuglängsachse direkt übertragen würde. Durch die im Beispiel gezeigte Seilzugverbindung (Bowdenzug) wird eine mittelbare Abkopplung insofern erreicht, als der Seilzug, der aus Führungskörper (Mantel) und Zugkörper (Seele) besteht, nach der Seite ausgelenkt werden kann. Somit lassen sich Schwingungsamplituden des Getriebes in erster Näherung ausgleichen. Die Ausgleichsfähigkeit verbessert sich, wenn der Seilzug nicht in gestreckter Länge, sondern S-förmig verlegt wird. Dadurch erhöht sich die innere Reibung, die wiederum eine Schwingungsdämpfung bewirkt. Mit Erhöhung der Reibung reduziert sich jedoch auch der Wirkungsgrad der Schaltkraftübertragung, wodurch sich die Schaltkräfte erhöhen.

S-förmiges Verlegen

Mantel und Seele eines Seilzugs weisen verschiedene Elastizitäten auf; sie verformen sich daher unter Krafteinwirkung unterschiedlich. Ferner ist zu berücksichtigen, dass zwischen Mantel und Seele ein gewisses Spiel vorhanden sein muss, um Leichtgängigkeit zu gewährleisten. Diese Eigenschaften sind verantwortlich dafür, dass der durch Getriebe- und Fahrzeugbewegungen angeregte Seilzug in Schwingung gerät. Dadurch werden Relativbewegungen zwischen dem Führungskörper und der Seele hervorgerufen. Im Versuch lässt sich

Verschiedene Elastizitäten

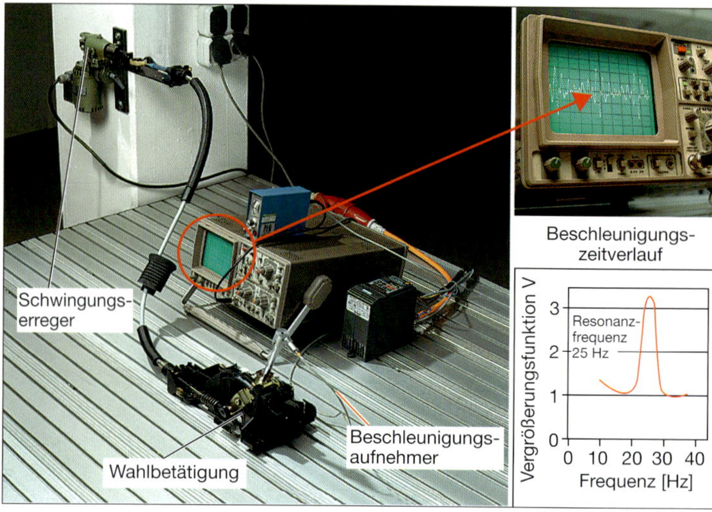

dieser Sachverhalt verdeutlichen. Zu diesem Zweck wird ein Seilzug in S-Form fixiert. Abbildung 14 zeigt die Versuchsanordnung mit einer Wählbetätigung für ein Automatikgetriebe und einem Schwingungserzeuger, wobei Schwingungsfrequenz und Amplitude variiert werden können, sowie das qualitative Ergebnis des Versuchs.

Schwingungen des Seilzugs, die quer zur Verlegerichtung erfolgen, haben ebenfalls eine Relativbewegung zwischen Mantel und Seele zur Folge und führen somit auch zu Vibrationen am Schalthebel.

In der Wirkungskette Schalthebel – Getriebe sind systembedingt und beabsichtigt zahlreiche Einzelmassen, Elastizitäten und Dämpfungen enthalten, die sich im Wesentlichen auf ein Ersatzsystem reduzieren lassen, wie es Abbildung 15 zeigt. Auch wenn dieses nur eine grobe Vereinfachung der tatsächlich vorliegenden Verhältnisse darstellt, lassen sich doch in der mathematischen Erfassung die wesent-

Abb. 15: Ersatzschaltbild für die Schwingungsdurchleitung
$x_s = x_0 \cdot \sin \omega t$
$x = x_1(t) + x_2(t)$
x_s Auslenkung des Schwingungserregers zum Zeitpunkt t

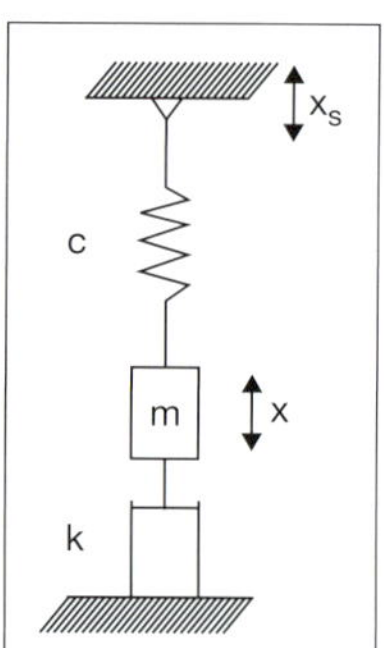

lichen Einflussgrößen ermitteln. Für die Bewegungsgleichung des Schalthebels gilt bei Vernachlässigung der coulombschen Reibung näherungsweise:

$$m\ddot{x} + k\dot{x} + c\,x = c\,x_0 \sin(\omega t)$$

- m Reduzierte Masse des Systems
- x Auslenkung des Schalthebels zum Zeitpunkt t
- k Dämpfungskonstante
- c Federkonstante des Systems
- x_0 Erregungsamplitude; die von der Getriebeschwingung erzeugte Relativbewegung zwischen Mantel und Seele bei der Erregungsfrequenz null (statische Auslenkung)
- ω Erregungs-Kreisfrequenz

Wird das System durch einen Schwingungserzeuger in Schwingung versetzt, so setzt sich die auftretende Schwingung $x = x_1 + x_2$ aus der gedämpften, schnell abklingenden Eigenschwingung

$$x_1 = A \cdot e^{-\delta t} \sin(\omega_1 t - \gamma)$$

mit

- A Anfangsamplitude der abklingenden Schwingung
- $e^{-\delta t}$ Exponentialfunktion nach der die Amplitude mit der Zeit t und dem Dämpfungsdekrement δ abklingt.
- γ Phasenverschiebung gegenüber der Erregerschwingung

und der erzwungenen Schwingung

$$x_2 = x_0 \left(\left(1-(\omega/\omega_0)^2\right)^2 + (k\,\omega/c)^2\right)^{-1/2} \sin(\omega t - \nu)$$

mit $\omega_0^2 = c/m$ (Kreisfrequenz der ungedämpften freien Schwingung) zusammen.

Die Schwingungsamplitude von $x = x_1 + x_2$ wächst bei fehlender Dämpfung über alle Grenzen, wenn die Erregungsfrequenz gleich der Eigenfrequenz des Systems ist. In diesem

Abb. 14 (S. 26 oben): Versuchsanordnung und Versuchsergebnisse der Schwingungsdurchleitung Links: Versuchsaufbau Rechts oben: Gemessene Schwingungen am Oszilloskop Rechts unten: Vergrößerungsfunktion für verschiedene Erregungsfrequenzen

Fall liegt Resonanz vor. Die Phasenverschiebung ν hat für die Beurteilung der Schwingung keine Bedeutung. Bildet man den Quotienten x/x_0 ergibt sich für das eingeschwungene System die Amplitudenvergrößerung $V = x/x_0$, die angibt, ob die Schwingung verstärkt ($V > 1$) oder gedämpft wird ($V < 1$).

Verhältnis Erregungs- zu Eigenfrequenz

Für endliche Dämpfungen erhält man Vergrößerungsfaktoren, die je nach dem Verhältnis von Erregungsfrequenz zu Eigenfrequenz zwischen null und einem Vielfachen der Erregungsamplitude liegen können. Ist die Erregungsfrequenz null, dann ist V = 1, d. h., die Schalthebelauslenkung entspricht der Relativbewegung zwischen Seele und Mantel am Seilzug. Liegt die Erregungsfrequenz weit über der Eigenfrequenz, geht die Auslenkung des Schalthebels gegen null. Diese Zusammenhänge zeigt Abbildung 16 für verschiedene Dämpfungen.

Ziel bei der Auslegung von Schaltungen muss es sein, die Eigenfrequenz des Systems äußere Schaltung – Seilzug weit unterhalb der Erregungsfrequenz zu halten und Dämpfungen zu erreichen, die einerseits ausreichend groß sind, um die Schwingungen am Schalthebel zu mi-

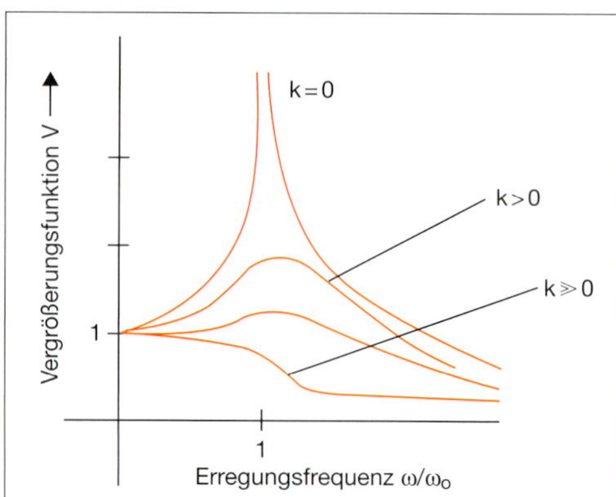

Abb. 16: Vergrößerungsfunktion V in Abhängigkeit von Erregungsfrequenz und Eigenfrequenz

nimieren, und andererseits einen hohen Wirkungsgrad bei der Schaltkraftübertragung sowie eine gute Haptik gewährleisten.
Niedrige Resonanzfrequenz erhält man, wenn der Seilzug elastischer gestaltet und die reduzierte Masse des Systems vergrößert wird, denn $\omega_0^2 = c/m$. Im Zeitalter der Gewichtseinsparung ist die Massenvergrößerung des Fahrzeugs jedoch nicht erwünscht. Auch die Reduktion der Federkonstanten des Systems ist begrenzt, denn sie hat eine so genannte weiche Schaltung zur Folge, die den Eindruck vermittelt, dass man nicht exakt schaltet.

Erhöhung der Schwingungsdämpfung

Um Schwingungen zu reduzieren, bleiben als weitere Maßnahmen, die Schwingungserregung zu minimieren und die Schwingungsdämpfung zu vergrößern. Die Dämpfung lässt sich durch einen schwingungsdämpfenden konstruktiven Aufbau des Systems, durch schwingungsdämpfende Materialien und durch schwingungsdämpfende Koppelglieder erhöhen.

Verringerung der Schwingungserregung

Die Verringerung der Schwingungserregung ist allerdings bei einer gegebenen Motor-Getriebe-Einheit sowie deren Aufhängung am Chassis nur in Grenzen möglich. Wie bereits vorher beschrieben, führen Schwingungen des Seilzugs in Längs- und in Querrichtung zu Relativbewegungen zwischen Mantel und Seele und damit zur Vibrationsdurchleitung. Deshalb ist es notwendig, die Schwingungen durch geschickte Abstützungen zu reduzieren und zu dämpfen. Entsprechende Seilzugabstützungen sind elastisch und müssen den Verformungen des Seilzugs nachgeben, ohne jedoch ihre abstützende Wirkung zu verlieren. Als stützende Elemente können gummielastische Gehäusedurchführungen, aber auch Schutzschläuche zum Einsatz kommen. Als äußerste Maßnahme setzt man auch Schwingungstilger in Form von Zusatzmassen ein, die auf dem Seilzug angeordnet werden. Schwingungen wer-

den auch vom Chassis, über das Schaltungsgehäuse und über die Schalthebellagerung in den Schalthebel eingebracht.
Generell ist zu sagen: Die schwingungstechnischen Vorgänge sind sehr komplex und mathematisch nicht lückenlos darstellbar. Eine schwingungstechnische Optimierung ist deshalb nur empirisch möglich.
Bei Stangenschaltungen ist die Lagerstelle des Schalthebels bei manchen Ausführungen formschlüssig mit dem Getriebe verbunden. Damit werden durch Relativbewegungen zwischen Getriebe und Chassis verursachte Winkelbewegungen des Schalthebels vermieden. Der Schalthebel bewegt sich dann translatorisch mit seiner Lagerstelle.

Schwingungsdämpfung bei Stangenschaltung

Schwingungen höherer Frequenz werden bei haptisch guten Schaltungen an allen Lager- und Koppelstellen mithilfe von Gummielementen gedämpft. Bei direkten Schaltungen ist eine Vibrationsabkopplung nur in sehr beschränktem Maße möglich.

Bei automatisierten Handschaltgetrieben und Automatikgetrieben ohne mechanische Verbindung zwischen Schalthebel und Getriebe werden anstelle von Schaltkräften ausschließlich elektrische Schaltsignale zwischen äußerer Schaltung und Getriebesteuerung übertragen.

Keine Schwingungsdurchleitung

Die Signalübertragungselemente sind wegen ihres Aufbaus nicht in der Lage, Schwingungen durchzuleiten. Dies trägt zur Reduktion der Geräusche im Fahrzeug bei.

Elemente der manuellen Schaltung

Getriebeanbindung

Die Abgrenzung zwischen innerer und äußerer Schaltung ist im Bereich der Getriebeanbindung fließend. Falls ein Integralmodul zur Lagerung der Schaltwelle eingesetzt wird (siehe Abb. 9, S. 18), sind die Elemente zur Drehung und Verschiebung der Schaltwelle dem Getriebe und damit der inneren Schaltung zuzuordnen. In Fällen, in denen die Schaltwelle im Getriebegehäuse gelagert ist, sind die erforderlichen Betätigungselemente außen am Getriebegehäuse montiert und somit der äußeren Schaltung zuzuordnen. Abbildung 17 zeigt eine Seilzuganbindung für ein VW-Getriebe. Die Schwungmasse ist im Nabenbereich mit einer

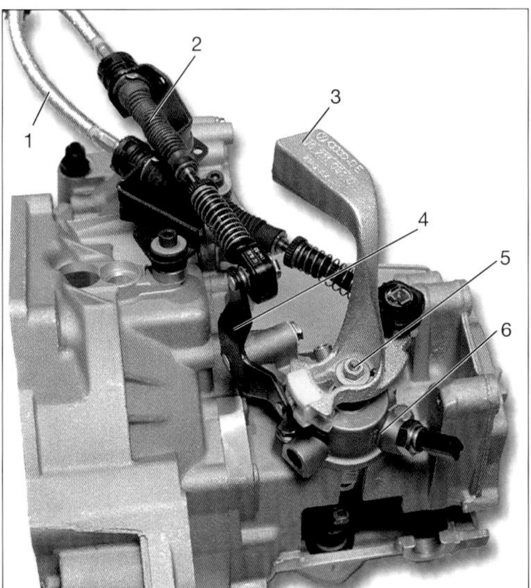

Abb. 17: Seilzuganbindung für ein Getriebe (MQ 250, VW)
1 Schaltzug
2 Wählzug
3 Schwungmasse
4 Umlenkhebel
5 Schaltwelle
6 Rückwärtsgangschalter

Kerbverzahnung versehen, welche die spielfreie Kupplung mit der Schaltwelle sicherstellt. Sie enthält gleichzeitig den Stehbolzen für die Anbindung des Schaltzugs und eine Radialnut, in die der Umlenkhebel mit einem Gleitschuh zur Axialverschiebung der Schaltwelle eingreift.
Der Umlenkhebel-Stehbolzen für die Wählzuganbindung mit Lagerblech und Lagerbolzen ist am Getriebegehäuse befestigt. Die Armatur des Seilzug-Führungskörpers wird an einem separaten Blechbiegeteil fixiert.

Bewegungsübertragung zwischen Schalthebel und Schaltwelle

Übertragung von Zug- und Druckkräften

Bei der Seilzugschaltung findet die Übertragung der Schalt- und Wählbewegungen mit Seilzügen statt (Abb. 18). Diese können sowohl Zug- als auch Druckkräfte übertragen. Die Armaturen des Führungskörpers werden einerseits mit dem Getriebe (Seilzugbefestigung) und andererseits mit dem Gehäuse der äußeren Schaltung oder einem mit diesem fest verbundenen anderen Bauteil ortsfest verbunden. Die Seilzugseele, die mit der Öse des Anschlussbolzens

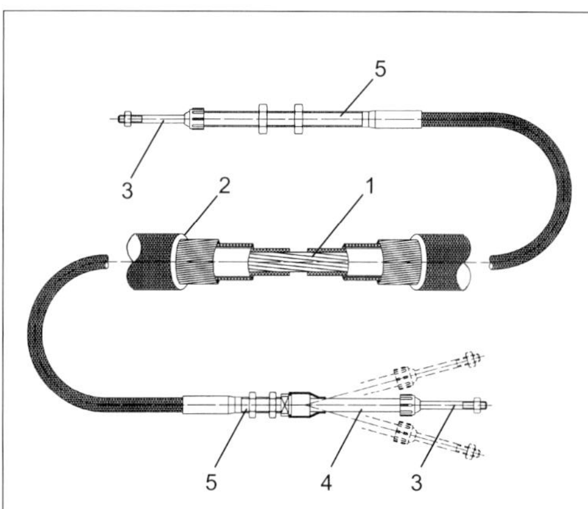

Abb. 18:
Seilzug (Bauart Vofaflex)
1 Seilzugseele
2 Führungskörper (Mantel)
3 Anschlussbolzen
4 Stangengelenk
5 Armatur zur Fixierung des Führungskörpers

kraftschlüssig verbunden ist, ist sowohl mit der Schwungmasse (siehe Abb. 17) als auch mit dem Schalthebel gekuppelt und überträgt die Schaltbewegung, ein zweiter Seilzug die Wählbewegung. Da die Seilzüge flexibel sind und bestimmte Verlegeradien zulassen, können andere, zwischen Schalthebel und Getriebeanbindung angeordnete Fahrzeugbaugruppen ohne Umlenkelemente umgangen werden. So lassen sich Getriebe in allen Einbauvarianten ohne Änderung der Kinematik schalten.

Vorteil der Seilzugflexibilität

Die Elastizität des Seilzugs bewirkt zusammen mit der Verlegeart eine relativ gute Vibrationsabkopplung zwischen Getriebeanbindung und Schalthebel. Der Vorteil der Elastizität ist jedoch gleichzeitig ein Nachteil bei der Beurteilung der Schaltbarkeit. Für die Verbesserung der Schaltbarkeit sind einerseits relativ steife Seilzüge, zur Verminderung der Schwingungsdurchleitung andererseits elastische Züge erforderlich. Einen Kompromiss erhält man, wenn die Seilzüge eher steif und die Seilzuganbindung weitgehend elastisch ausgelegt wird. Dies gilt sowohl für die Seilzugseele als auch für den Führungskörper.

Steif und elastisch

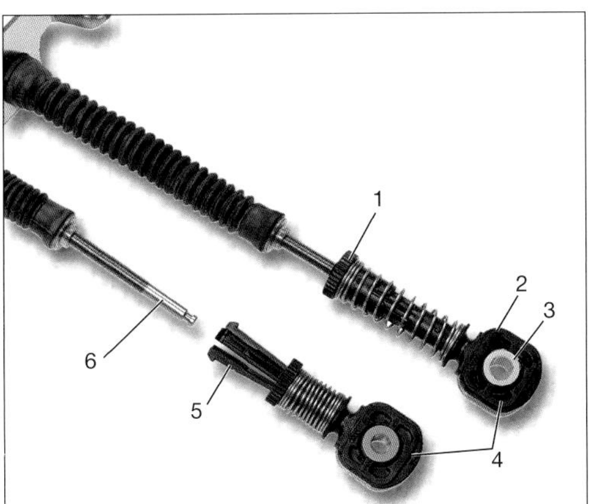

Abb. 19: Anschlussöse für den Anschlussbolzen des Seilzugs
1 Schiebehülse
2 Rahmen
3 Buchse
4 Dämpfungselement
5 Kupplungselement
6 Anschlussbolzen des Seilzugs

Die Ringöse des Anschlussbolzens ist als separates Bauteil ausgeführt und besteht z. B. aus einer Buchse und einem Rahmen, die durch einen einvulkanisierten Elastomer formschlüssig miteinander verbunden sind (Abb. 19). Geometrie und Werkstoffspezifikation sind so gewählt, dass eine progressive Kennlinie (Abb. 20), eine gute Schwingungsdämpfung sowie eine hohe Lebensdauer erreicht werden. Die progressive Kennlinie stellt eine gute Dämpfung von Vibrationen mit kleinen Schwin-

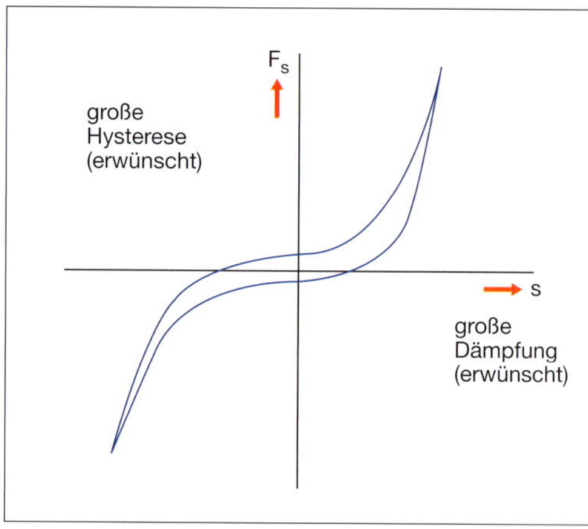

Abb. 20: Kraft-Weg-Verlauf zwischen Buchse der Anschlussöse und dem Anschlussbolzen
F_s Schaltkraft
s Schaltwegverlust

gungsamplituden sicher, sodass sich die Schaltwege nur unwesentlich verlängern. Damit können Schaltwegverluste begrenzt werden.

Schnelleinstellmöglichkeit

Der Rahmen ist formschlüssig mit dem Anschlussbolzen verbunden. Der Formschluss wird hergestellt, indem die radial angeordneten Kupplungselemente, die an der Bohrungsseite zahnförmige Profilelemente tragen, durch eine Schiebehülse auf den Anschlussbolzen gedrückt werden. Dieser weist konzentrische Rillen auf. Querform und Teilung der zahnförmigen Profilelemente der Kupplungselemente entsprechen denen des Anschlussbolzens. Mit dieser Kupplung ist eine feinstufige Längeneinstellung des Seilzugs einfach und sicher möglich. Die Notwendigkeit der Seilzugeinstellung ergibt sich aus den langen Toleranzketten zwischen Schalthebel und Schaltwelle.

Möglichkeiten zur Vibrationsabkopplung

Bei einer Stangenschaltung ist zur Übertragung der Schalt- und Wählbewegung nur ein Übertragungselement erforderlich, da die steife Schaltstange sowohl Längs- als auch Drehbewegungen übertragen kann. Die Vibrationsabkopplung, die bei dieser Übertragungsart ungenügend ist, lässt sich durch den Einbau elastischer Bauteile zwischen die Verbindungselemente von Schalthebel und Schaltstange sowie zwischen Schaltstange und Getriebeanbindung verbessern. Eine weitere Möglichkeit der Vibrationsabkopplung ist der aus zwei Bauteilen hergestellte Schalthebel, dessen Kupplung durch einvulkanisierte Elastomere erreicht wird. Eine weitgehende Schwingungs- und Vibrationsabkopplung erzielt man durch einen vielgliedrigen Aufbau der Schaltkraftübertragung mit mehrfacher Kraftumlenkung (Abb. 21).

Hydraulische Schaltungen

Neben Seilzug- und Stangenschaltungen existieren insbesondere im Nutzfahrzeugbereich auch hydraulische Schaltungen. In der Schaltbetätigung sind sowohl in Schalt- als auch in Wählrichtung jeweils Schaltungsgeberzylinder eingebaut, deren Kolben durch den Schalthebel verschoben werden. Dadurch verschieben sich die Hydraulikvolumina in Richtung Schaltungsnehmerzylinder, bewegen deren Kolben und leiten an der Schaltwelle die Schaltbewegungen ein. Diese starre und reibungsarme Lösung ist allerdings wegen des hohen Installationsaufwands beim Pkw nicht eingeführt.

Für AT-Wählbetätigungen gilt hinsichtlich Schaltbarkeit, Schwingungsabkopplung, Seilzug und Schaltstangen das Gleiche wie für manuelle Schaltungen.

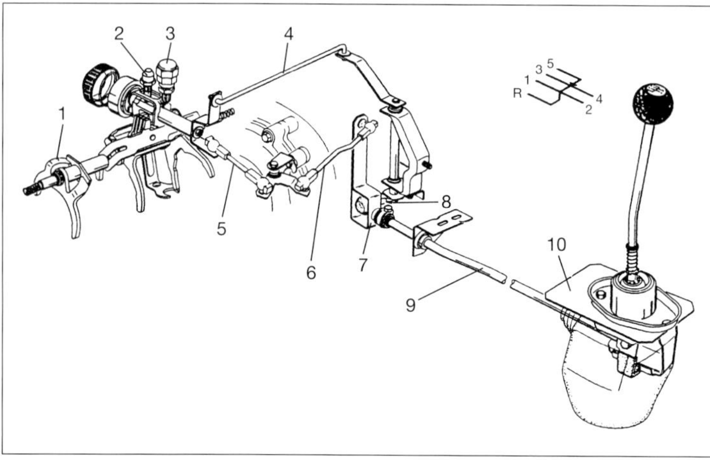

Abb. 21:
Stangenschaltung
1 bis 3 Innere Schaltung
4 Verbindungsstange
5, 6 Wählstangen
7 Wählhebel
8 Umlenkhebel
9 Schaltstange
10 Schaltbetätigung

Schaltbetätigung

Im Fahrzeugbau haben sich zahlreiche Schaltungsvarianten herausgebildet, die sich unter anderem auch hinsichtlich des Einbauorts unterscheiden. Die weit überwiegende Zahl der Schaltbetätigungen wird in die Mittelkonsole des Fahrzeugs eingebaut und ist damit für Links- und Rechtslenker gleichermaßen gut zu erreichen. Dabei unterscheidet man Überflur- und Unterflurmontage (Abb. 22 oben). Schaltbetätigungen für Überflurmontage werden im Inneren des Fahrzeugs montiert und erfordern keine Überkopfmontage. Die Schaltbetätigung ist nach unten gegen Schmutz, Hitze und Steinschlag abgesichert und deshalb einfacher aufgebaut als Schaltungen für die Unterflurmontage. Vorteilhaft bei der Unterflurmontage ist, dass die gesamte äußere Schaltung inklusive Seilzügen und Seilzuganbindungen in einem Arbeitsgang montiert und eingestellt werden kann und keine Bodenblech- oder Spritzwanddurchführungen für Seil- und Wählzug erforderlich sind.

Montage in einem Arbeitsgang

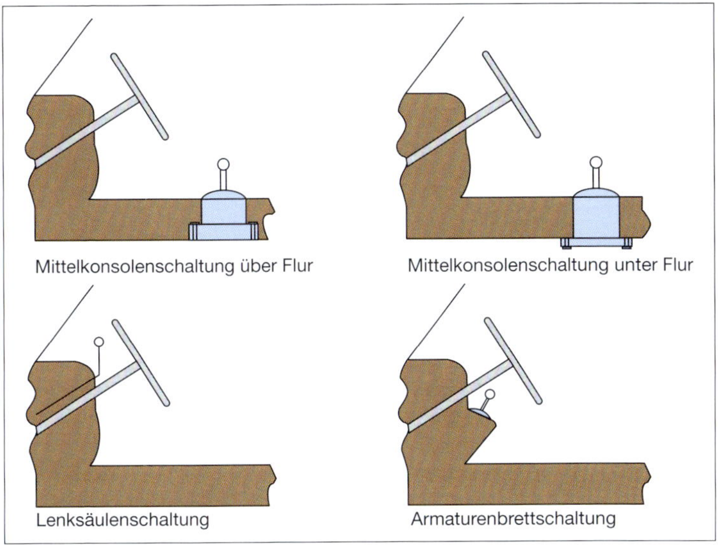

Abb. 22: Einbauvarianten für die äußere Schaltung

Die Lenksäulenschaltung (Abb. 22 unten links), die umgangsprachlich fälschlicherweise als »Lenkradschaltung« bezeichnet wird, ist zahlenmäßig nur selten, aber bei allen gängigen Getriebetypen anzutreffen. Eine neue Variante einer Lenksäulenschaltung ist die Shift-by-Wire-Schaltung für ein AT-Getriebe von BMW.
Die Armaturenbrettschaltung (Abb. 22 unten rechts) oder Dashboardschaltung ermöglicht den einfachen Durchstieg vom Fahrer- zum Beifahrersitz. Sie ist insbesondere bei frontgetriebenen Fahrzeugen immer häufiger anzutreffen und kommt in verschiedenen Varianten vor.

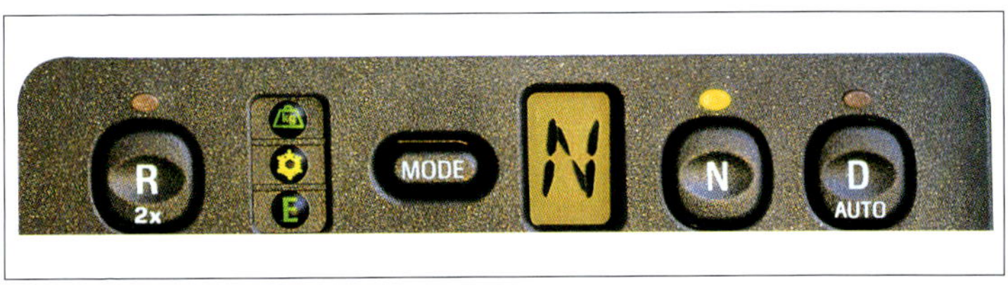

Abb. 23: Drucktastenschaltung (Ford Transit)

Zum einen als Schaltbetätigung mit Schalthebel für MT-, AMT- und AT-Getriebe, zum anderen in Drucktastenausführung für AMT-Getriebe (Abb. 23). Alle beschriebenen Anbauvarianten lassen sich mit sequenziellen Drucktastenschaltungen am Lenkrad oder an der Lenksäule kombinieren und werden von einer wachsenden Anzahl von Automobilherstellern angeboten.

Äußere Schaltungen unterscheiden sich in erster Linie durch die zu schaltenden Getriebe, die Verbindungselemente zwischen Schaltbetätigung und Getriebe, den Einbauort und darüber hinaus durch die der Schaltung zugrunde liegende Logik sowie den inneren Aufbau der

Tab. 1: Merkmalskombinationen bei äußeren Schaltungen
D Direktschaltung
SZ Seilzug
St Schaltstange
ESI Elektrischer Schaltimpuls

Getriebetypen	**Einbau an der Mittelkonsole**	**Einbau an der Lenksäule**	**Einbau am Armaturenbrett**
Handschaltgetriebe	D, SZ, St	SZ, St	SZ
Automatikgetriebe und Tiptronic	SZ + ESI	SZ + ESI, ESI	SZ + ESI
Automatisierte Handschaltgetriebe	ESI	ESI	ESI

Tab. 2: Morphologischer Kasten zur Gestaltung äußerer Schaltungen

	Merkmale	**Konstruktive Ausführungen**		
A	Übertragung der Schalt- und Wählbewegung	Seilzüge	Schaltstange	sonstige
B	Art der Schalthebellagerung	Kugelgelenk	Kreuzgelenk	–
C	Ort der Lagerung	Mittellager	Tieflager	–
D	Antrieb für die Wählbewegung	Kreuzgelenkantrieb	Schalthebelantrieb	–
E	Schwenkebenen des Umlenkhebels	senkrecht	waagrecht	–
F	Rückwärtsgangsperre	Schalthebel drücken	Triggerhülse ziehen	Schlagsperre und sonstige
G	Fixierung der Schaltbetätigung	am Chassis	am Getriebeausleger	Mischformen
H	Verbindung Getriebe – Schaltbetätigung	direkt	mit Zwischengliedern	–
I	Einbauort	Mittelkonsole	Lenksäule	Armaturenbrett

Schaltbetätigung. Die wichtigsten Merkmalskombinationen sind in Tabelle 1 dargestellt. Beim inneren Aufbau der Schaltbetätigung sind die Merkmale A bis F gemäß Tabelle 2 kennzeichnend. Durch Kombination ergeben sich verschiedene Typen von Schaltbetätigungen für Handschaltgetriebe.

Gehäuse und Schalthebel

Das Gehäuse dient der Aufnahme, Lagerung und Fixierung aller weiteren Elemente und ist deshalb das größte und komplexeste Element der Schaltbetätigung. Es muss über ausreichende Festigkeit verfügen, um Missbrauchskräfte aufzunehmen, muss steif sein, um die Schaltbarkeit zu verbessern, soll Vibrationen und Anschlaggeräusche dämpfen und darüber hinaus möglichst leicht sein. Moderne Gehäuse für Schalt- und Wählbetätigungen werden im Spritz- oder Druckgussverfahren aus Kunststoffen, Aluminium oder Magnesium hergestellt. Da die erforderliche Genauigkeit mit Druckgießen nicht erreicht werden kann, müssen Gehäuse aus Aluminium oder Magnesium spanend fertig gestellt werden. Sie sind deshalb teurer als Kunststoffgehäuse, die überwiegend aus glasfaserverstärktem Polyamid hergestellt werden. Beispiele verschiedener Schaltbetätigungsgehäuse zeigt Abbildung 24.

Abb. 24: Gehäuse für Schaltbetätigungen

Polyamid einteilig

Polyamid zweiteilig

Magnesium einteilig

Der traditionelle Schalthebel besteht aus einem Stahlrohr und verfügt über eine Lagerstelle in der Mitte sowie über Anschlusselemente an beiden Enden für Seilzug und Knauf. Schalt- und Wählhebel neuerer Entwicklung werden aus Aluminium oder Kunststoff als Druckguss- oder Spritzgussteile hergestellt. Der Trend zur Funktionsintegration führte zuletzt dazu, dass zunehmend auch Verbundkonstruktionen aus Stahl und Kunststoff, Aluminium und Kunststoff bzw. Stahl und Aluminium gefertigt wer-

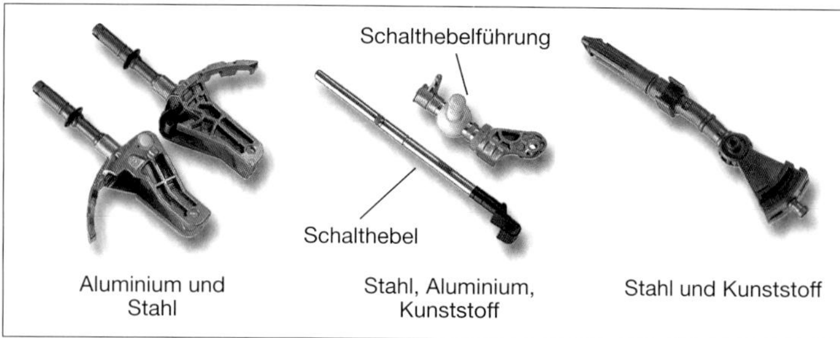

Abb. 25: Schalthebel aus Verbundwerkstoffen

den. Abbildung 25 zeigt aus Verbundwerkstoffen gefertigte Schalthebel.
Schalt- oder Wählhebel sind in der Regel um zwei Achsen drehbar gelagert. Dafür haben sich zwei Möglichkeiten herausgebildet:

- Kugelgelenk mit Verdrehsicherung
- Kreuzgelenk

Das Kreuzgelenk übernimmt in der Regel noch zusätzliche Funktionen wie den Antrieb des Umlenkhebels für die Wählbewegung bei MT-Schaltungen sowie die Aufnahme der Schaltkulisse bei AT-Wählbetätigungen. Abbildung 26 zeigt eine Lagerung mit Kugelgelenk und eine Lagerung mit Kreuzgelenk.

Abb. 26: Kugelgelenk (oben) und Kreuzgelenk (unten) bei Schalt hebellagerungen, Schaltungen mit Rückwärtsgangsperre

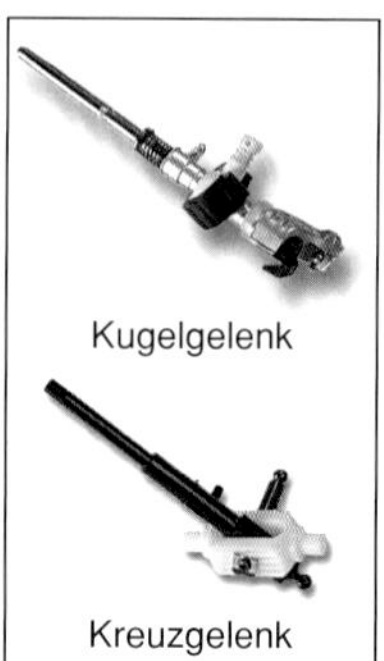

Rückwärtsgangsperre

Ist die Rückwärtsgangsperre in der äußeren Schaltung enthalten, so unterscheidet man im Wesentlichen gemäß Tabelle 2 (siehe S. 38) zwei Varianten. Der in Abbildung 25 (Mitte) gezeigte Schalthebel lässt sich gegenüber der Schalthebelführung und -lagerung axial verschieben. Dadurch wird die Rückwärtsganggasse frei und der Rückwärtsgang kann eingelegt werden. Abbildung 26 (oben) zeigt dies exemplarisch für eine gängige Pkw-Schaltung. Die zweite Ausführung verfügt über einen so genannten Triggerring, der direkt unter dem

Schaltknauf am Schalthebel verschiebbar gegen eine Feder gelagert ist (Abb. 26 unten). Durch Anheben des Triggerrings wird eine Sperrstange so verschoben, dass der Rückwärtsgang eingelegt werden kann. Darüber hinaus sind weitere konstruktive Ausführungen von Rückwärtsgangsperren bekannt, insbesondere solche, die in der inneren Schaltung untergebracht sind, und solche, die über keinen gesonderten Entriegelungsmechanismus verfügen.

Anheben des Triggerrings löst Sperre

Knauf und Abdeckung

Schnittstelle zwischen Fahrer und Schaltung

Der Knauf ist die unmittelbare Schnittstelle zwischen der Hand des Fahrers und der äußeren Schaltung. Entsprechend groß ist die Bedeutung, die er für die Beurteilung einer Schaltung durch den Fahrer besitzt. Dies betrifft zum einen die visuelle, zum anderen die haptische Seite. Bei MT-Schaltungen enthält der Knauf die Plakette, die das Schaltbild zeigt. Die Befestigung zwischen Knauf und Schalthebel muss sicherstellen, dass dieser unter normalen Umständen weder gedreht noch abgezogen werden kann.

Bedingt durch die Bewegung des Schalthebels in zwei Achsen, ist die Schaltbetätigung in den Bewegungslinien offen und zunächst nicht gegen Verschmutzung, Beschädigung oder Blockieren durch hineinfallende Fremdteile geschützt. Deshalb sind verschiedene so genannte Schlitzabdeckungen entwickelt worden. Zu den gebräuchlichsten und funktionell einfachsten gehört der Ledersack, der einerseits mit der Mittelkonsolenverkleidung und andererseits mit dem Schalthebel so verbunden ist, dass dessen Beweglichkeit nicht eingeschränkt und die Schlitzabdeckung gewährleistet ist. Die gleiche Funktionalität gewährleistet auch ein Faltenbalg aus Elastomeren, der ähnlich wie der Ledersack mit der Mittelkonsolenverkleidung und dem Schalthebel verbunden sein kann.

Ledersack …

… oder Faltenbalg

Wählbetätigungen

Traditionelle Wählbetätigungen

Tiptronic-Entwicklung

Mit der traditionellen Wählbetätigung für Wandler-Stufenautomaten, auch Automatikschaltung, AT-Schaltung oder AT-Shifter genannt, lassen sich die Fahrstufen P, R, N, D sowie die niedrigeren Gänge L (Low) 1, 2, 3 usw. schalten. In den 90er-Jahren wurde von Porsche in Zusammenarbeit mit Bosch und ZF die Tiptronic entwickelt, bei der in einer parallelen Schaltgasse durch Antippen des Wählhebels die Gänge sequenziell geschaltet werden können. Tiptronic-Wählbetätigungen enthalten alle Elemente der traditionellen Automatikschaltung.

Tiptronic, Steptronic, Tipptronik

Abb. 27 (Seite 43 oben): Schaltbilder für Automatikschaltungen (unvollständige Aufzählung)

BMW	*5, 14*
DC	*1, 6, 9 (10)*
Fiat	*1, 7, 12*
Ford	*1, 5, 2, 10, 4*
GM	*1, 2, 5*
Honda	*1*
Jaguar	*3*
Nissan	*1*
Porsche	*5, 13*
PSA	*2, 7, 8*
Renault	*1, 5*
Toyota	*1, 2, 8*
VW	*1, 4, 5, 11*

Die Steptronic wurde parallel zur Tiptronic von BMW entwickelt und besitzt den gleichen Funktionsumfang wie diese. Auch Mercedes hat seine Tipptronik entwickelt, bei der die Tippgasse quer zur Schaltgasse liegt. Mercedes spricht im Zusammenhang mit dem Tippen von einer Erweiterung der Gänge (+) und einer Eingrenzung der Gänge (–), was je nach Schaltstrategie einer Hoch- oder Rückschaltung gleichkommt. Eine Übersicht der verwendeten Schaltbilder für Automatik- und Tiptronic-Wählbetätigungen, die jedoch keinen Anspruch auf Vollständigkeit erhebt, zeigt Abbildung 27. Die in den Tabellen 1 und 2 (siehe S. 38) dargestellten Konstruktionsprinzipien für Schalt- oder Wählhebel manueller Schaltungen und deren Lagerung sowie für Seilzüge, Gehäuse, Getriebeanbindung, Knauf und Abdeckung gelten grundsätzlich auch für Automatikschaltungen. Vorhandene Unterschiede werden nachfolgend herausgearbeitet und zusätzliche Funktionen beschrieben.

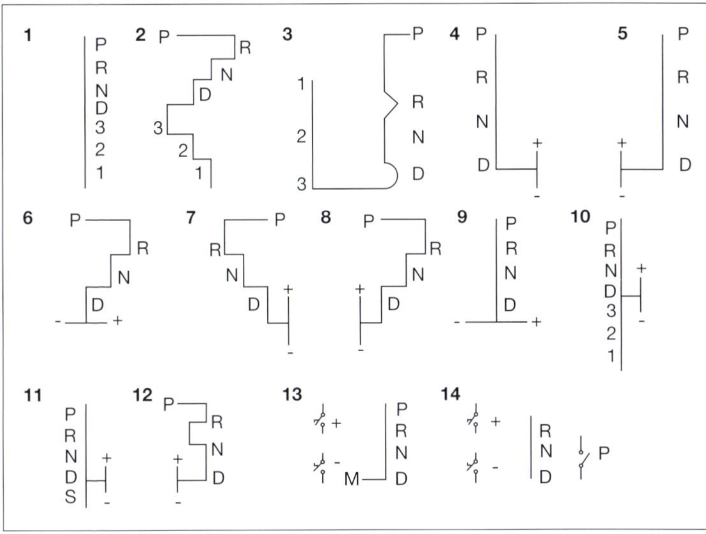

Knäufe für Automatikwählbetätigungen besitzen im Unterschied zu Knäufen von Handschaltgetrieben eine Drucktaste. Diese bewegt eine Zug- oder Druckstange, die in der Bohrung des Wählhebels geführt wird und in die Wählkulisse eingreift. Die Drucktaste kann seitlich, vor oder auf dem Knauf angeordnet sein (Abb. 28). Die Schaltkulissen haben die Aufgabe, un-

Abb. 28: Knaufvarianten und die Anordnung der Drucktaste

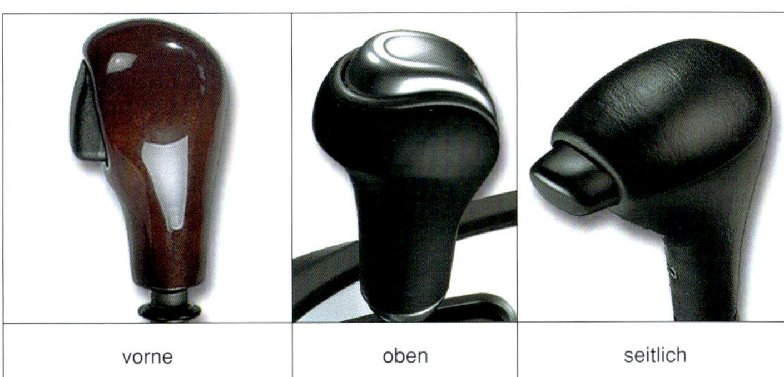

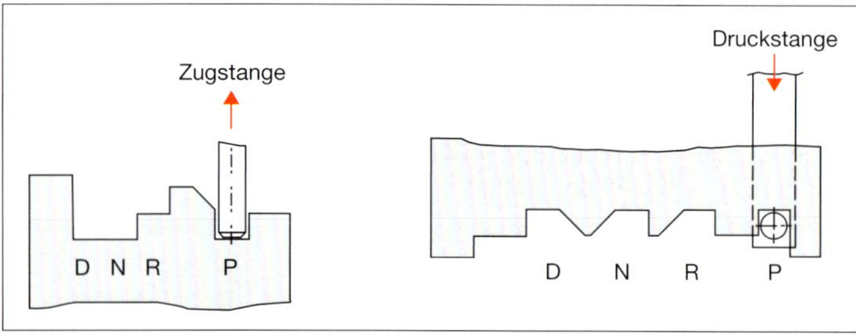

Abb. 29: Kulissen für Zug- und Druckstange

beabsichtigte Schaltungen weitgehend zu vermeiden. Die Kulisse ist so gestaltet, dass einige Fahrstufen ohne, die anderen nur mit Drucktastenbetätigung geschaltet werden können. Abbildung 29 zeigt jeweils eine Kulisse für Druck-

Abb. 30: Notwendige Drucktastenbetätigungen beim Wählen von Fahrstufen (j = Ja, n = Nein)

nach (Spalten), von (Zeilen)

/	P	R	N	D
P	/	j	j	j
R	j	/	n	n
N	j	j	/	n
D	j	j	n	/

und Zugstange. Abbildung 30 gibt einen Überblick, bei welchen Schaltvorgängen eine Drucktastenbetätigung erforderlich ist. Knäufe ohne Drucktaste finden bei Labyrinthkulissen Verwendung, wie sie in Abbildung 27 (Schaltbild 6) und Abbildung 31 zu sehen sind.

Um dem Fahrer das Gefühl exakten Schaltens zu vermitteln, wird der Wählhebel bei manchen Fahrzeugherstellern mit einer Zusatzrastierung versehen. Diese Funktion wird in der Regel mithilfe einer Blattfeder und einer Rolle realisiert, wobei die Rolle den Schalthebel jeweils in den Lücken einer Zahnscheibe rastiert.

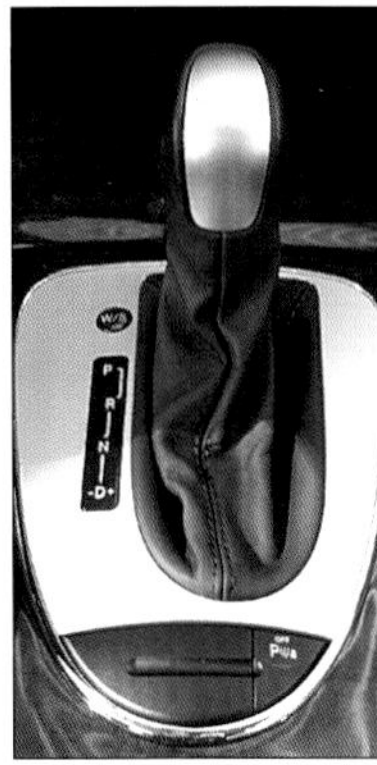

Abb. 31: Wählbetätigung mit Labyrinthkulisse

Shiftlock

Shiftlock ist in den Fahrstufen P und N aktiv. Wird mit dem Wählhebel die Fahrstufe P oder N eingelegt, wird der Wählhebel gesperrt. Danach ist das Einlegen einer weiteren Fahrstufe nur möglich, wenn die Bremse betätigt wird. Damit wird ein unbeabsichtigtes Anfahren des Fahrzeugs verhindert. Die Shiftlock-Sperre hat sich bei europäischen Autos, obwohl es keine Vorschrift dafür gibt, als Sicherheitsstandard etabliert. In amerikanischen und japanischen Fahrzeugen ist sie allerdings nicht durchgängig vorhanden.
Technisch lässt sich das Shiftlock auf sehr unterschiedliche Weise realisieren:

- Mechanisch oder elektromechanisch
- Beliebiger Ablauf (Panikentriegelung) oder sequenzieller Ablauf der Arbeitsschritte
- Elektronisch

Mechanische Lösung

Bei der mechanischen Lösung rastet eine federvorgespannte Sperrklinke in eine Nut des Wählhebels so ein, dass dieser nicht mehr bewegt werden kann. Die Entriegelung erfolgt durch einen Bowdenzug, der mit dem Bremspedal einerseits und der Sperrklinke andererseits verbunden ist und beim Betätigen des Bremspedals die Sperrklinke aus der Nut heraushebt. Bei der elektromechanischen Lösung, die dem heutigen Stand der Technik entspricht, erfolgt das Verriegeln durch Bestromen eines Hub- oder Haftmagneten, der das Wählen einer

Aktives …

neuen Fahrstellung direkt oder indirekt verhindert (aktives Shiftlock). Wird die im Hubmagneten befindliche Magnetspule bestromt, übt das von der Magnetspule erzeugte Magnetfeld eine Kraft auf den Magnetanker und den ihn führenden Lagerbolzen aus. Magnetanker und Lagerbolzen werden in axialer Richtung bewegt, bis sie in eine Nut des Wählhebels eintauchen und diesen verriegeln. Die Wählkraft wirkt quer zum Hubweg des Magnetankers und damit zur Magnetkraft. Diese Möglichkeit einer direkten Sperre des Wählhebels lässt sich

… und passives Shiftlock

auch umgekehrt realisieren. Bei dieser Variante rastet der Lagerbolzen federbelastet in die Nut eines Wählhebels ein; durch Bestromen erfolgt das Entsperren (passives Shiftlock).

Panik-entriegelung

Eine Panikentriegelung liegt vor, wenn die Reihenfolge der notwendigen Arbeitsschritte zum Wählen einer neuen Fahrstellung beliebig ist. Dies kann bei einer Panikreaktion des Fahrers von entscheidender Bedeutung sein. Bei direkter Verriegelung (Abb. 32) sind die Arbeitsschritte sequenziell festgelegt. Zunächst

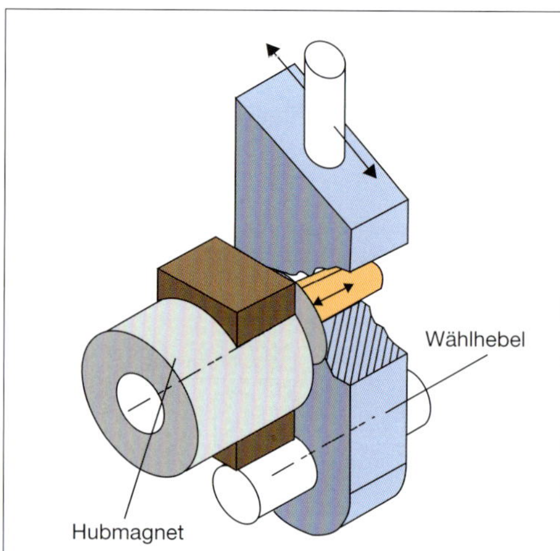

Abb. 32: Shiftlock; direkte Sperrung des Wählhebels mit einem Hubmagneten

muss die Bremse betätigt werden, erst danach kann die neue Fahrstufe eingelegt werden. Versucht der Fahrer jedoch den Wählhebel zu bewegen, ohne vorher die Bremse betätigt zu haben, wirkt eine hohe Querkraft auf den Lagerbolzen des Magnetankers. Die daraus resultierende hohe Reibkraft kann von der Rückholfeder des Magnetankers nicht überwunden werden – der Wählhebel bleibt gesperrt.
Haftmagnete üben eine hohe Anziehungskraft auf eine direkt anliegende Ankerplatte aus. Wird der Spulenstrom abgeschaltet, lässt sich die Ankerplatte mit geringer Kraft abheben. So kann ein Wählhebel indirekt gesperrt werden.

Indirektes Sperren

Indirektes Sperren liegt generell vor, wenn nicht der Wählhebel direkt, sondern andere Bauteile gesperrt werden, die ihrerseits den Wählhebel sperren oder entsperren.
Abbildung 33 zeigt die indirekte Sperrung des Wählhebels durch einen Hubmagneten, Abbildung 34 die indirekte Sperrung durch einen Haftmagneten. Eine weitere Variante des Shiftlock mit indirekter Sperre ist die in Abbildung 35 gezeigte Kniehebellösung. Hier ist ein Blockieren und Lösen des Sperrhebels mit geringer Magnetkraft möglich.

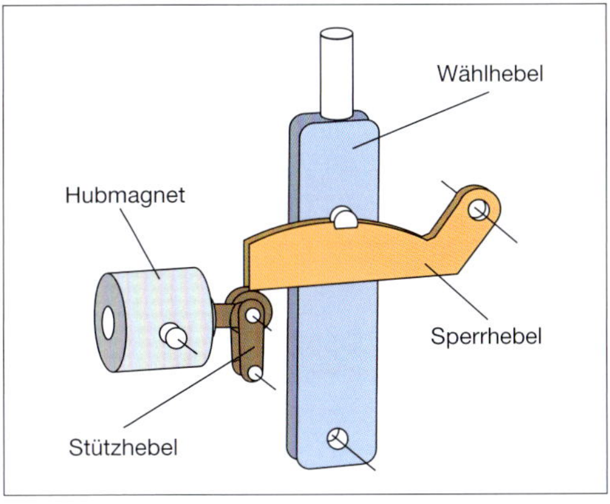

Abb. 33: Shiftlock; indirekte Sperrung des Wählhebels mit einem Hubmagneten

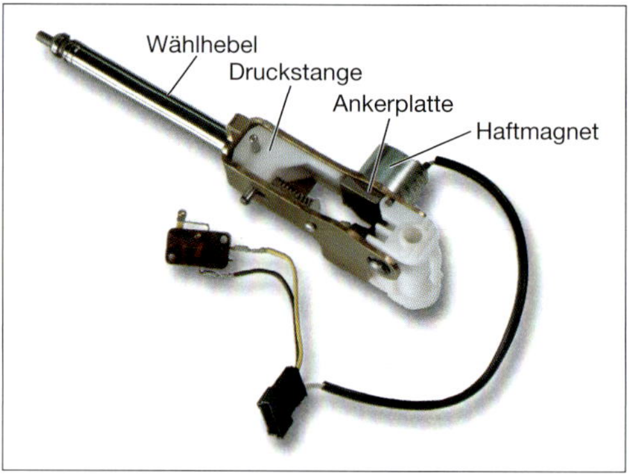

Abb. 34: Shiftlock; indirekte Sperrung des Wählhebels mit einem Haftmagneten durch Sperrung der Druckstange

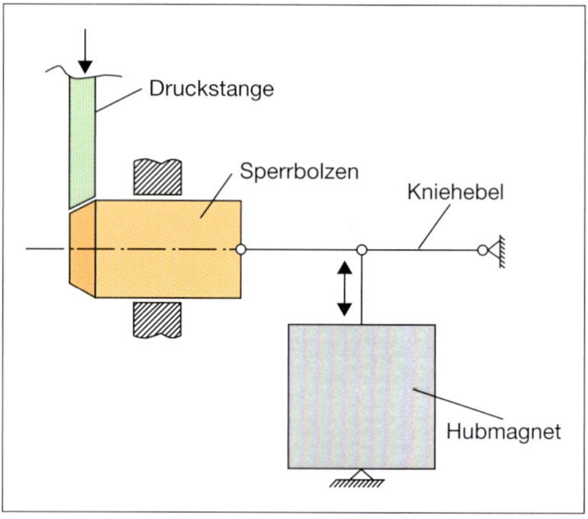

Abb. 35: Shiftlock; indirekte Sperrung des Wählhebels mit einem Hubmagneten durch Sperrung der Druckstange

Die bisher beschriebenen Sperr- und Entsperrmethoden sind physikalischer Art. Verfügt der Wählhebel bei Shift-by-Wire-Schaltungen nur über eine monostabile Position, lässt sich das Shiftlock auch elektronisch realisieren. In Abhängigkeit von den vorliegenden Eingangsgrößen Wählhebelstellung, Wählhebelbewegung, Bremspedalstellung und anderen können mithilfe elektronischer Schaltkreise Schaltungsaktuatoren angesteuert oder nicht angesteuert werden. Damit ist implizit das Shiftlock realisierbar, ohne dass es einer Sperrung des Wählhebels bedarf.

Keylock, Interlock

Um parkende Autos mit AT-Getrieben vor dem Wegrollen zu sichern, muss der Wählhebel in die Parkstellung gebracht werden. Wird dies vom Fahrer vergessen, besteht erhöhte Wegroll- und Unfallgefahr. Um dies zu verhindern, sind am Zündschloss einerseits und an der Wählbetätigung andererseits Vorrichtungen angebracht, die verhindern, dass der Zündschlüssel abgezogen werden kann, wenn die Parksperre nicht eingelegt ist. Umgekehrt lässt sich die Wählbetätigung nicht schalten, wenn der Zündschlüssel nicht in Funktion ist. Folgende Lösungen sind möglich und auch realisiert:

Parksperrensicherung

- Mechanisches Keylock/Interlock
- Elektromechanisches Keylock/Interlock
- Elektronisches Keylock/Interlock

Die Begriffe »Keylock« und »Interlock« werden wechselweise für die oben beschriebene Parksperrensicherung verwendet.

Mechanische …

Bei der mechanischen Umsetzung wird durch die Zündschlüsseldrehung ein Bowdenzug betätigt, und ein Sperrhebel gelöst, der den in Stellung P befindlichen Wählhebel freigibt. Befindet sich der Wählhebel nicht in P-Stellung, kann der Sperrhebel nicht einrasten. Der Bowdenzug verharrt in der Lösestellung und verhindert so, dass der Zündschlüssel abgezogen werden kann. Ein Praxisbeispiel dieses Konzepts zeigt Abbildung 36. Ist das Keylock/Interlock elektromechanisch realisiert, sind Vorrichtungen am Zündschloss und an der Wählbetätigung erforderlich, die mithilfe elektrodynamischer oder elektromagnetischer Aktuatoren die entsprechenden Verriegelungs- oder Entriegelungsbewegungen durchführen.

… und elektromechanische Lösung

Abb. 36: Keylock, Interlock; mechanische Ver- und Entriegelung mit Bowdenzug

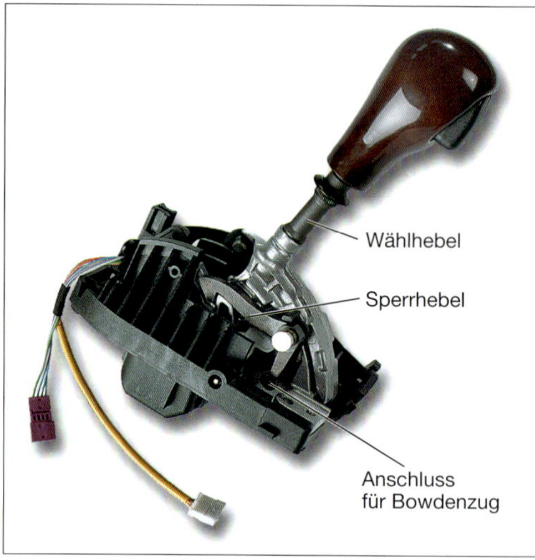

Auch diese Funktionalität lässt sich wie beim Shiftlock elektronisch realisieren.

In der Regel sind Shiftlock und Keylock zwei separate Baueinheiten mit getrennten Sperr- und Entsperrmechanismen sowie mit zwei unabhängigen Aktuatoren (z. B. zwei Hubmagneten). Diese Trennung in zwei Einheiten ist allerdings aufwändig und teuer. Deshalb wurden kombinierte Systeme entwickelt, die beide Funktionen in einer Baueinheit mit nur einem Aktuator realisieren können. Zwei Bauformen

Abb. 37: Links: Elektromechanische Verriegelung (Shiftlock) und elektromechanische Entriegelung (Keylock) Rechts: Elektromechanische Verriegelung (Shift- und Keylock)

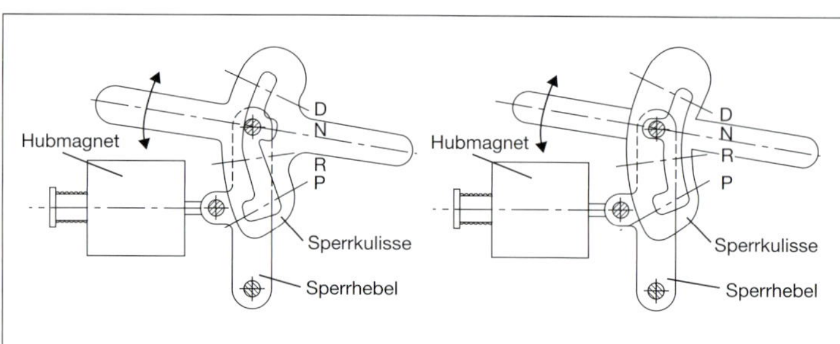

zeigt Abbildung 37. Für die Shift-Keylock-Kombination muss bei einem eventuellen Stromausfall ein Notentriegelungssystem vorgesehen werden, da sich sonst das Fahrzeug nach dem Einlegen der Parksperre oder bei passivem Shiftlock nicht oder nur noch sehr schwer bewegen lässt.

Notentriegelung bei Stromausfall

Gangerkennungsschalter

Während in Handschaltgetrieben nur der Rückwärtsgang sensortechnisch erfasst wird, um den Rückfahrscheinwerfer einzuschalten, werden bei AT-Getrieben alle Fahrstufen und bei Fahrzeugen mit Tiptronic auch die Wählhebelbewegungen in der manuellen Gasse zum Teil zweifach sensiert. Zum einen wird die Drehung der Wählwelle im Getriebe ermittelt, zum anderen die Stellung des Wählhebels.

Zweifache Sensierung

Sind zwei Sensorsysteme vorhanden, wird in der Regel die Stellung der Schaltwelle als Eingangsgröße von der Getriebesteuerung genutzt. Es gibt jedoch auch Fahrzeuge, bei denen der Gangerkennungsschalter der Wählbetätigung die Eingangsgröße für die Getriebesteuerung bereitstellt. Entsprechend wichtig ist die genaue Ermittlung der Schalthebelstellung und entsprechend hoch sind die Anforderungen an den Gangerkennungsschalter und die Wählhebelmechanik.
Die Aufgaben des Gangerkennungsschalters lassen sich folgendermaßen zusammenfassen:

Aufgaben

- Schaltung der Fahrstufen und optische Ganganzeige in der Abdeckung der Wählbetätigung
- Schaltung der Shift- und Keylocksperre in den Wählhebelstellungen P und N
- Schaltung des Rückfahrscheinwerfers
- Gassenwechselanzeige
- Tippfunktionsanzeige

- Fahrstufenanzeige P, R, N, D sowie gegebenenfalls die Ganganzeigen 4, 3, 2 und 1 oder/und Low

Für Gangerkennungsschalter in Wählbetätigungen gibt es drei Ausführungen:

Drei Ausführungen

- Erfassung von Wählbewegungen in einer Ebene
- Erfassung von Wählbewegungen in zwei Ebenen mit einem Gassenwechselschalter
- Zweidimensionale Erfassung der Wählhebelbewegungen

Der Gassenwechselschalter kann in den Gangerkennungsschalter integriert sein oder aber als getrennter Schalter neben dem Gangerkennungsschalter existieren. Die zweidimensionale Erfassung der Wählhebelbewegungen erfordert aufwändige Leiterplatten und eine präzise Kinematik, um Schaltfehler zu vermeiden.
In der konstruktiven Umsetzung der Anforderungen, die ein Gangerkennungsschalter erfüllen muss, bedient man sich unterschiedlicher physikalischer Prinzipien. Zur Anwendung kommen elektromechanische Schiebeschalter oder Drehschalter, Magnetosensorik in Form von Hallelementen, optoelektrische Sensoren, elektrische Tastschalter sowie andere Schaltelemente.
Wie umfangreich das Anforderungsprofil an Gangerkennungsschalter ist, zeigt sich bei der Auflistung der wesentlichen Punkte:

Anforderungen

- Sichere und gegebenenfalls redundante Erfassung der Wählhebelposition
- Genaue und/oder einstellbare Positionierung
- Resistenz gegen Umwelteinflüsse und Verschmutzung
- Geringer Raumbedarf
- Ausfallsicherheit
- Integrationsmöglichkeit für Signalaufbereitung und -übertragung

Drehschalter mit elektronischer Signalaufbereitung

Drehschalter mit Gassenwechselschalter

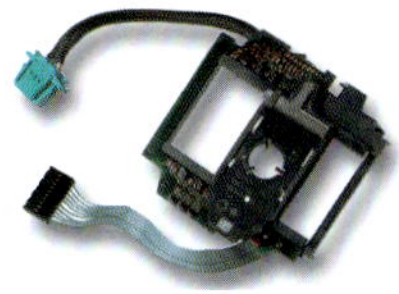
Hallsensorik; zweidimensionale Erfassung der Wählhebelstellung und Integration von Fahrstufen- und Ganganzeigen

Abb. 38: Gangerkennungsschalter

- Gegebenenfalls lastschaltbare Kontakte für den Rückfahrscheinwerfer
- CAN-Anbindung
- Kostengünstige Herstellung

Abbildung 38 zeigt einen Gangerkennungsschalter zur Positionserfassung in einer Ebene mit einem elektromechanischen Drehschalter, lastschaltbaren Kontakten und elektronischer Signalaufbereitung (links), einen Drehschalter mit integriertem Gassenwechselschalter (Mitte), einen Gangerkennungsschalter mit Hallsensorik und zweidimensionaler Erfassung der Wählhebelposition sowie integrierten Zusatzfunktionen (rechts).
Eine besonders sichere und aufwändige Sensorik wurde für die Shift-by-Wire-Schaltung des 7er BMW gewählt. Hier schaltet eine Anordnung aus Permanentmagneten, die in einer Magnetfeldplatte zusammengefasst sind, fünf Hallsensoren (Abb. 39). In diesem Fall kann der Ausfall einzelner Sensoren erkannt und korrigiert werden, der Ausfall von zwei Sensoren nur erkannt werden. Mit dem Wählhebel lassen sich die Fahrstufen R, N und D einlegen. Der Wählhebel mit monostabiler Mittelstellung erlaubt ein Tippen nach beiden Richtungen (-1, +1) und ein Überdrücken (-2, + 2). Beim Tippen erfolgt ein sequenzielles Umschalten von

Abb. 39: Eindimensionale fehlertolerante Gangerkennungssensorik

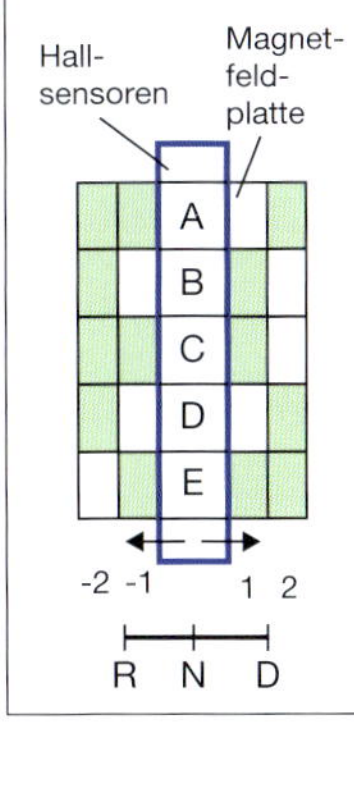

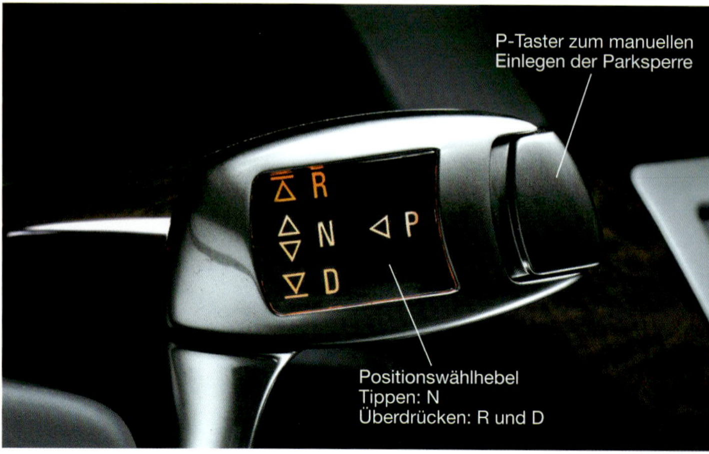

Abb. 40: Wählhebel an der Lenksäule eines BMW (7er-Reihe)

einer Fahrstufe in die nächste. Überdrücken erlaubt das Überspringen der Fahrstufe N, wenn bestimmte Rahmenbedingungen gegeben sind. Der Wählhebel ist in Abbildung 40 dargestellt.

Bei den robusten Gangerkennungsschaltern mit Schleiffederkontakten (siehe Abb. 38 Mitte, S. 53) werden die Schleiffedern als Mehrfingerkontakte ausgeführt, um Kontaktfehler und damit Schaltfehler weitestgehend zu vermeiden. Die Gehäuse und der Schleiffederantrieb sind so ausgeführt, dass eine Verschmutzung weitgehend vermieden wird.

Manuelle Gasse

Tippschaltungen

Tippbewegungen des Wählhebels in der manuellen Gasse führen zum sequenziellen Schalten der Gänge (siehe Abb. 27, S. 43). Die Tippschaltungen werden vom Gangerkennungsschalter erfasst und an die Getriebesteuerung weitergegeben. Die Führung des Wählhebels in der manuellen Gasse muss spielfrei, geräuscharm, reibungsarm, mit kontinuierlichem Kraftverlauf und mit geringer Kraft-

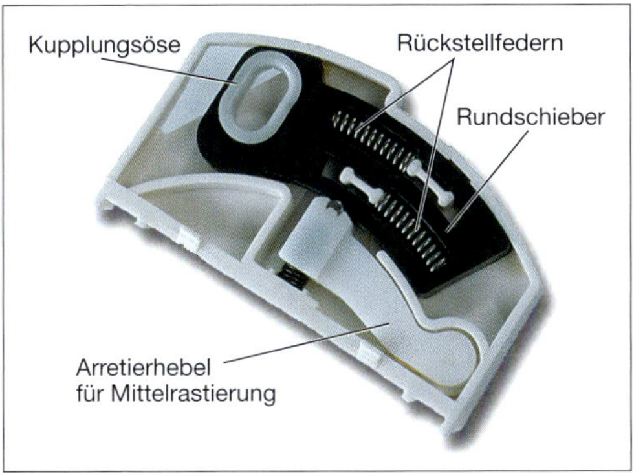

Abb. 41: Rückstellmechanik für den Wählhebel in der manuellen Gasse

Weg-Hysterese erfolgen. Von einigen Herstellern wird eine haptische Rückwirkung des Schaltpunkts realisiert. Aus der spielfreien Mittelstellung heraus wird mit einem steilen Kraftanstieg geschaltet, der dann bis zum Anschlag flacher verläuft. Abbildung 41 zeigt eine Rückstellmechanik für den Wählhebel in der manuellen Gasse.

Haptische Rückwirkung des Schaltpunkts

Beim Umlegen des Wählhebels von der Automatikgasse D in die manuelle Gasse M wird ein Kraft-Weg-Verlauf nach Abbildung 42 (rechts) angestrebt bzw. erreicht. Mit der dargestellten konstruktiven Lösungsmöglichkeit (links) entsteht in der Mitte des Schaltwegs ein indifferenter Bereich, der durch geeignete Wahl der Parameter möglichst gering gehalten werden muss, um undefinierte Schaltpositionen zu vermeiden.

Modusänderung mit dem ersten Tippen

Erfolgt das Tippen in einer orthogonalen Gasse, wird die Umstellung vom Automatikmodus in den manuellen Modus mit dem ersten Tippen ausgelöst. Das Zurückschalten in den Automatikmodus wird z. B. von Mercedes durch eine zeitlich verlängerte Tippschaltung realisiert. Der Vorteil der orthogonalen Gasse ist, dass kein Gassenwechselschalter, keine Gassenwechselkinematik und -kinetik sowie kein zusätzlicher Seilzughebel erforderlich sind.

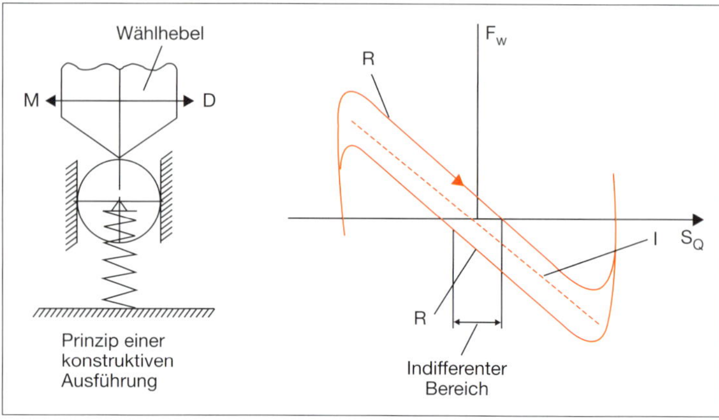

Abb. 42: Idealisierter (I) und realer (R) Kraft-Weg-Verlauf für den Wählhebel beim Gassenwechsel
M manuelle Gasse
D Automatikgasse
F_w Gassenwechselkraft
S_Q Schwenkweg des Wählhebels

Das sequenzielle Schalten der Gänge ist über Tasten am Lenkrad oder Wählhebel an der Lenksäule möglich.

Weitere Elemente und Funktionen

Als Schaltschlitzabdeckungen kommen bei Wählbetätigungen Ledersäcke oder teilweise komplexe Baugruppen zum Einsatz. Abbildung 43 zeigt eine Baugruppe, die aus zwei Schiebeelementen gebildet wird. Dabei wird der Quer-

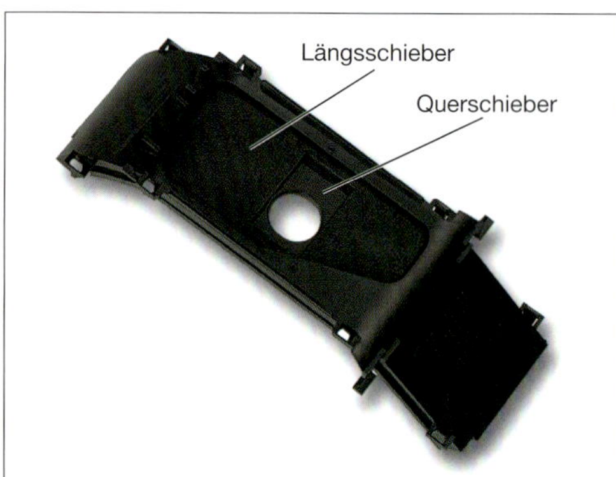

Abb. 43: Schalthebelschlitzabdeckung mit Längs- und Querschieber

schieber im Längsschieber und dieser in einem eigens dafür notwendigen Schiebergehäuse geführt. Leichtgängigkeit und Spielfreiheit sind Anforderungen, die erfüllt sein müssen, damit die Wählkräfte begrenzt und Klappergeräusche vermieden werden. Liegt der Wählhebeldrehpunkt nahe an der Oberfläche der Abdeckung, reduzieren sich die Dimensionen der Schlitzabdeckung. Es können dann kalottenförmige, am Schalthebel und/oder an den Umgebungsbauteilen geführte Blenden eingesetzt werden.

Leichtgängig und spielfrei

Die Schaltungsabdeckung, welche die Schlitzabdeckung enthält, umfasst insbesondere bei AT-Wählbetätigungen und Shift-by-Wire-Schaltungen weitere Funktionselemente, so z. B. Anzeigeelemente für die Fahrstufenwahl, das Schaltbild sowie Zusatzschalter für die Programmwahl und die Ganganzeige. Alle Symbole verfügen in der Regel über eine Grundausleuchtung mittels LEDs (Light emission diods) oder Glühlampen mit Lichtleittechnik. Das Symbol der aktuell eingelegten Fahrstufe, also P, R, N und D sowie gegebenenfalls S, (+) und (-), wird im Vergleich zu den anderen Fahrstufensymbolen aufgehellt. Abbildung 44 zeigt

Weitere Funktionselemente

Abb. 44: BMW Steptronic mit Ledersack und LED-beleuchteten Schaltanzeigen

Abb. 45: Porsche Tiptronic mit ausgelagerter Tippfunktion und nicht beleuchteten Ganganzeigen

eine ausgeführte Schaltung mit Ledersack und beleuchteten Schaltanzeigen, Abbildung 45 eine Abdeckung mit Längs- und Querschieber ohne beleuchtete Symbole.

Der Wählhebel wird sowohl in Wählrichtung als auch in Querrichtung beim Schalten gegen Endanschläge bewegt. Das Gleiche gilt für Druck- und Zugstange. Einige dieser Bewegungen erfolgen in Kraftrichtung einer vorgespannten Feder. Unterbleibt die manuelle Führung des Wählhebels, erfährt dieser eine beschleunigte Bewegung bis zum Erreichen des Anschlags.

Puffer gegen Anschlaggeräusche

Um Klackgeräusche beim Anschlagen zu verhindern, werden Puffer eingesetzt und Gummielemente zwischengeschaltet. Dies gilt für alle bewegten Elemente der Wählbetätigung.

Die Kombination verschiedener Realisierungsmöglichkeiten für die Funktionselemente ermöglicht eine Vielzahl von Ausführungen für Wählbetätigungen. Abbildung 46 gibt einen Überblick über die große Anzahl möglicher Auslegungsvarianten.

Positionierung
Mittelkonsole
Lenksäule
Armaturenbrett

Kulisse
waagrecht (Labyrinth)
senkrecht für Zugstange
senkrecht für Druckstange

Drucktaste
vor dem Knauf
auf dem Knauf
seitliche Anordnung
ohne Drucktaste

Wählbewegung übertragen
Stange
Seilzug
elektrisch
elektronisch (CAN)
Kombinationen der oben genannten Übertragungselemente

Shiftlockaktuator
Bremspedalzug
Hubmagnet
Haftmagnet
kein Aktuator

Shiftlockausführung
Direkte Sperre: Wähl- oder Seilzughebel
Indirekte Sperre: Wähl- oder Seilzughebel
Indirekte Sperre: Zug- oder Druckstange
Elektronische Sperre

Entsperren Shiftlock
Lösbar unter Vorlast
Unlösbar unter Vorlast

Gangerkennungsschalter
Mikroschalter
Schiebe- oder Drehschalter
Hallsensoren
Optoelektronische Schalter
Potentiometer

Gassenwechselschalter
Mikroschalter
Hallsensoren
Zweidimensionaler Gangerkennungsschalter

Inter-/Keylockaktuator
Zündschlosszug
Hubmagnet
kein Aktuator

Keylockausführung
Direkte Sperre: Keylocksperrhebel
Indirekte Sperre: Zug- oder Druckstange
Shift-Key-Lock
Elektronische Sperre

Tippfunktion
Längstippen
Quertippen
Auslagerung der Tippfunktion (mit oder ohne fühlbaren Schaltpunkt)

Schlitzabdeckung
Ungeführt (Ledersack, Faltenbalg)
Kalottenförmiges Element
Zweidimensionale Schieberanordnung

Ganganzeigen
Beleuchtete Symbole mit
- LEDs
- Glühlampe mit Lichtführung

Abb. 46: Morphologischer Kasten für die Auslegung von Wählbetätigungen

Der elektronische Schalthebel

Analog zur Tradition der Außenschaltungen wurden für SbW-Schaltungen unterschiedliche Schaltbilder für den Schalthebel entwickelt, die folgende Anforderungen erfüllen müssen:

- Einfache Schaltlogik
- Wahl zwischen Automatikbetrieb und manuellem Schalten
- Schaltmöglichkeit für die bekannten Fahrstufen, wobei die Parkstellung P oft ausgespart oder durch Stopp ersetzt ist
- Platz sparende Ausführung
- Robuste und ausfallsichere Elektronik
- Differenzierung zu Wettbewerbern

Bezeichnungen für SbW-Schaltungen

Die einzelnen Fahrzeughersteller verwenden für ihre SbW-Schaltungen jeweils eigene Bezeichnungen, obwohl in einigen Fällen das Schaltbild vollständig oder zumindest weitgehend übereinstimmt. Folgende Bezeichnungen sind bekannt geworden:

- Sequentronic
- Geartronic
- Shifttronic
- Switchtronic
- Hypertronic
- SMG (BMW)
- Tipmatic
- Easytronic
- Selespeed
- Sportronic
- Durashift
- Softtip/Softtouch
- Speedshift und andere

Abbildung 47 zeigt eine Übersicht über in Serie und noch nicht in Serie befindliche Schaltbilder

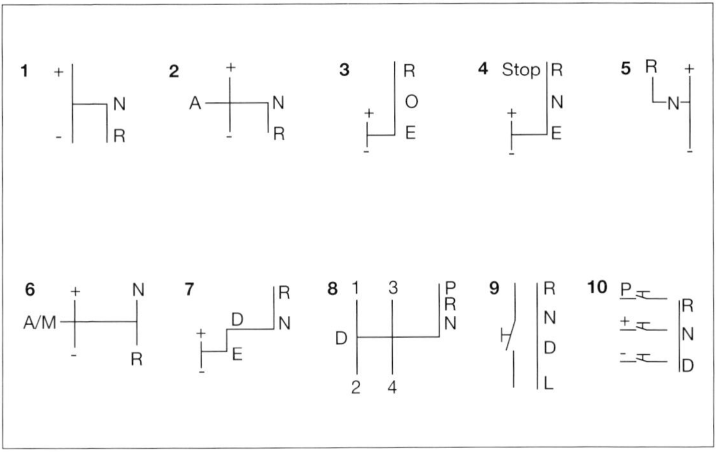

Abb. 47: Schaltbilder von SbW-Schaltungen (unvollständige Aufzählung)

für SbW-Schaltungen. Schalthebel, Schalthebellagerung, Knauf und Abdeckung entsprechen den in den Kapiteln »Elemente der manuellen Schaltung« und »Wählbetätigungen« beschriebenen Ausführungen. Einige Hersteller bevorzugen eine mechanische Sperre des Schalthebels wie bei Wählbetätigungen, andere das elektronische Shift- und Keylock, wieder andere verzichten auf derartige Schalthebelsperren.

Schalten an Lenkrad oder Lenksäule

Das sequenzielle Schalten der Gänge erfolgt entweder am Lenkrad oder an der Lenksäule oder von beiden aus.

Es gibt Schaltungen mit einfacher und Schaltungen ohne mechanische Rückwärtsgangsperre. Manche Schaltungen verfügen in den Fahrstufen N und R über stabile Schaltpositionen, andere über eine monostabile Schaltposition im Zentrum des Schaltbilds – in der Regel in der manuellen Gasse zwischen der (+)- und (–)-Schaltposition. Das Hochschalten (+) und das Zurückschalten (–) des Gangs entspricht dem sequenziellen Schalten in der manuellen Gasse der Tiptronic-Schaltung und ihrer Ableger.

Mit der SbW-Schaltung lassen sich alle automatisierten Getriebe wie AMT-, DKG-, AT- und CVT-Getriebe schalten. Sie kann in der Mittelkonsole, im Armaturenbrett oder an der Lenksäule installiert werden. Es besteht auch die Möglichkeit, auf den Schalthebel völlig zu verzichten und die Fahrstufen mittels eines Drucktastenfelds zu schalten (siehe Abb. 23, S. 37). Die Erfassung des Fahrerwunschs erfolgt mithilfe des Gangerkennungsschalters, der üblicherweise die Form einer Leiterplatte aufweist und mit Hallsensoren bestückt ist. Die Hallsensoren werden mit einem oder mehreren Permanentmagneten aktiviert, die am Schalthebel bzw. an einem vom Schalthebel bewegten Schieber angeordnet sind. Die Übertragung der Schaltimpulse an die Getriebesteuereinheit erfolgt teilweise konventionell über verschiedene Signalleitungen oder nach Modulation über den CAN-Bus.

Schalten per Drucktastenfeld

Die bei SbW-Schaltungen möglichen Zusatzfunktionen entsprechen denen von Automatikschaltungen.

Ausgeführte Beispiele

Mit der in Abbildung 48 dargestellten Seilzugschaltung von VW wird ein manuelles Getriebe für einen Pkw mit vorne quer eingebautem Motor geschaltet. Die Rückwärtsgangsperre ist in die Schaltbetätigung integriert und wird durch Niederdrücken des Schalthebels überwunden. Die Schalthebelbaugruppe besteht aus Schalthebel und Schalthebelführung, die beide als Verbundbauteile (Stahl bzw. Aluminium, jeweils mit Kunststoff umspritzt) ausgeführt sind. Die Schalthebelführung trägt einen sphärischen Ring, welcher der Lagerung im Magnesiumgehäuse dient. Da die Schaltung für die Unterflurmontage konzipiert ist, muss sie gegen Umwelteinflüsse, Lärm, Steinschlag und Verschmutzung nach unten abgedichtet sein. Die Seilzugseelen sind auf der Schaltungsseite durch Ringösen mit Schalt- und Umlenkhebel verbunden, die Endarmatur des Seilzugführungskörpers ist mit Dämpfungselementen am Gehäuse fixiert. Die Seilzüge tragen Hitzeschutz- und Scheuerschläuche. Am getriebeseiti-

Für Unterflurmontage konzipiert

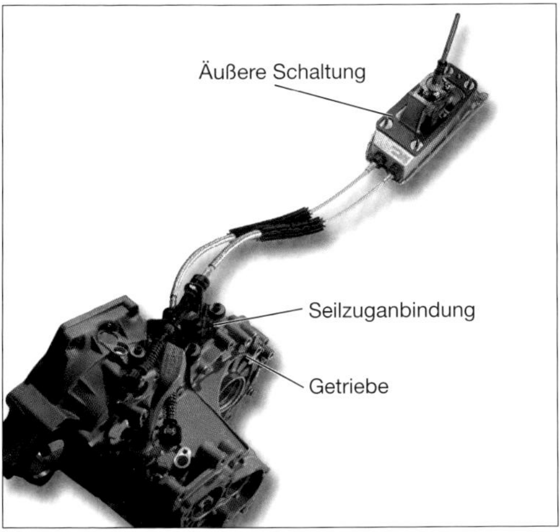

Abb. 48: Äußere Schaltung für ein quer eingebautes Getriebe (VW)

gen Seilzugende werden die im Kapitel »Bewegungsübertragung zwischen Schalthebel und Schaltwelle« (siehe S. 32 ff.) beschriebenen Arretierungen und Vibrationsabkopplungselemente montiert. Die Abbildung zeigt auch die zur Schaltung gehörende Schwungmasse mit Arretierung.

Bei der in Abbildung 49 dargestellten Steptronic handelt es sich um eine Wählbetätigung mit sequenzieller Schaltmöglichkeit in der längs angeordneten manuellen Gasse. Wegen des hohen

Abb. 49: BMW Steptronic mit Schaltbild

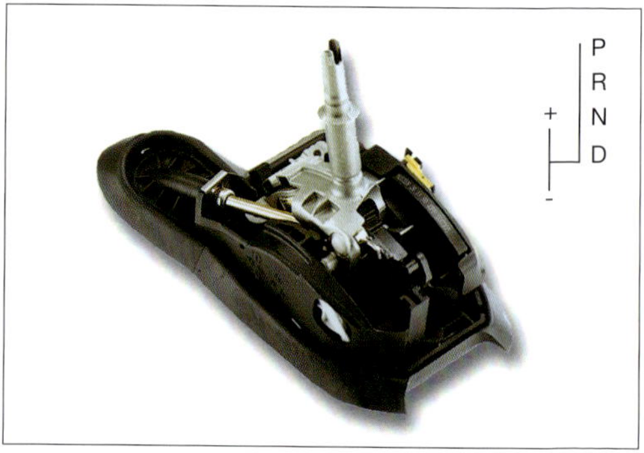

Funktionsintegrationsumfangs und aufgrund von konstruktiven Weiterentwicklungen besteht diese Wählbetätigung nur noch aus relativ wenigen Bauteilen. Der zweihüftige, als Verbundkonstruktion (Aluminiumdruckguss- und Stahlteil) ausgeführte Wählhebel umgreift die senkrechte Schaltkulisse, die auch den Gangerkennungsschalter enthält, und ist mit ihr drehbar verbunden. Die Kulisse ist senkrecht zur Drehachse des Wählhebels in dem durch Verrippung sehr steifen Polyamidgehäuse drehbar gelagert, wodurch die zweiachsige Bewegung des Wählhebels erreicht wird. Der Shiftlockmagnet sperrt den Wählhebel direkt. Sein Träger stabilisiert das Gehäuse, trägt den Keylockzug und dient der Befestigung der Wählbetätigung an der Mittelkonsole. Ein Seilzughebel ist nicht erforderlich, weil das Seilzug-

Wählhebel als Verbundkonstruktion

endstück beim Umlegen des Wählhebels von diesem abgekoppelt und in der Kulisse fixiert wird. Die Anschläge aller bewegten Elemente sind endlagengedämpft, sodass Klackgeräusche vermieden werden. Die Seilzugdurchführung durch das Bodenblech ist vollständig und mehrlagig abgedichtet, um Geräusche aus dem Innenraum fern zu halten. Der Knauf besitzt eine Drucktaste an der Vorderseite, die eine Zugstange bewegt.

Vollständig abgedichtet

Einen elektronischen Schalthebel bzw. eine SbW-Schaltung zeigt Abbildung 50. Das sehr steife zweischalige Polyamidgehäuse, das im Innenbereich zahlreiche Funktionselemente trägt, ist auf einem Adaptersockel befestigt. Der Schalthebel aus Stahl, der mit Kunststoff umspritzt ist, beinhaltet neben vielen anderen Funktionselementen auch den Lagerbolzen und ist in einer zweischaligen Schwinge drehbar gelagert. Die Schwinge selbst ist um eine orthogonale Achse drehbar, deren Lagerstellen im Gehäuse angeordnet sind. Dadurch wird das Kreuzgelenk gebildet, das die Schaltbewegung nach zwei Richtungen ermög-

Abb. 50: Shift-by-Wire-Schaltung (Opel) mit Schaltbild

licht. Die Schwinge wird in einer Kulisse geführt, die die Schaltwege freigibt und sonstige Bewegungen sperrt. Sie und ihr Gegenstück sind so ausgebildet, dass der Schalthebel eine monostabile Lage einnimmt, aus der heraus er entsprechend dem gezeigten Schaltbild bewegt werden kann. Shiftlock- und Keylockfunktionen stehen nicht zur Verfügung. Beim Anlassen des Fahrzeugs, das nur möglich ist, wenn die Bremse betätigt ist, wird automatisch die Fahrstufe N eingelegt. Die elektrischen Schaltimpulse werden konventionell per Stromleitung an das Getriebesteuergerät weitergeleitet. Die Sensorplatine (Gangerkennungsschalter) ist mit Hallsensoren bestückt, die so angeordnet und geschaltet sind, dass der Schaltwunsch des Fahrers sicher erfasst und übermittelt wird. Durch die Gestaltung der aus galvanisiertem Kunststoff bestehenden Abdeckung können Montagetoleranzen in der Mittelkonsole nach allen Seiten sowie in der Einbauhöhe ausgeglichen werden. Die Schlitzabdeckung, als Kalottenelement ausgeführt, ist um zwei Achsen drehbar gelagert und wird spielfrei am Schalthebel geführt. Für den zweifarbigen Knauf, der teils aus Polyuretan, teils aus metallisiertem Kunststoff hergestellt ist, benötigt man weder eine Drucktaste noch eine Plakette, da das mit LEDs ausgeleuchtete Schaltbild im Vordergrund der Abdeckung gut zu sehen ist. Eine Taste im Vordergrund erlaubt das Umschalten der Schaltstrategie auf Winterbetrieb.

Ausgleich von Montagetoleranzen

Abbildung 51 zeigt eine Traktorschaltung mit vier Seilzügen. Jede Schaltgasse verfügt über einen Seilzughebel, der mit den anderen Seilzughebeln auf einer gemeinsamen Achse drehbar gelagert ist. Der Schalthebel und die mit ihm verbundene Wählbrücke, die in Wählrichtung an einem Parallelogramm geführt wird, kuppelt in der entsprechenden Gasse den Seilzughebel, wodurch die Schaltung ausgeführt werden kann. Zwischen den Seilzughebeln befinden sich orts-

Pro Schaltgasse ein Seilzughebel

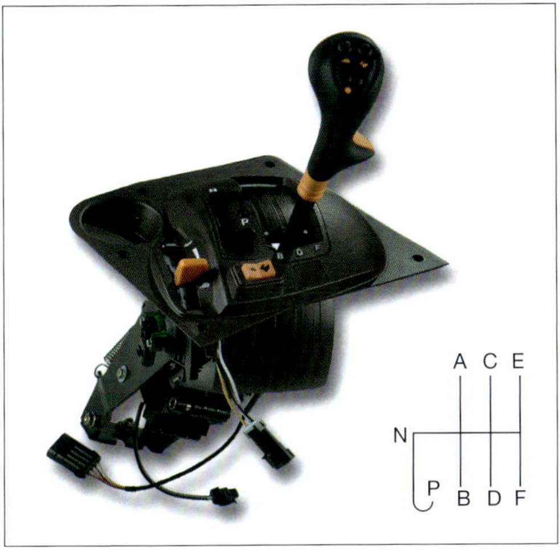

Abb. 51: Traktorschaltung mit vier Gassen (John Deere) und Schaltbild

feste Zwischenbleche, die das gleichzeitige Schalten zweier Seilzughebel und damit Fehlschaltungen verhindern. Die Ausbildung der Seilzughebel erlaubt eine elektrische Sensierung der geschalteten Gänge und eine Rastierung in der Mittelstellung. Bei den Gehäuseteilen, welche die Schaltung tragen, handelt es sich um Stanz-Biege-Teile aus Stahlblech, die Seilzughebel sind Sinterteile, die Wählbrücke ist aus Sphäroguss und der Schalthebel ein umgeformtes Stahlrohr. Da bei Nutzfahrzeugen die Schaltkräfte für das Getriebe höher sind als bei Pkw, liegen die Schaltgassen in Kraftflussrichtung. Eine geringe Auffächerung der Schaltgassen wird durch die Parallelogrammführung des Schalthebels erreicht. Die Traktorschaltung stellt eine einbaufertige Einheit dar und ist mit einer Kunststoffabdeckung und einer eindimensionalen Schlitzabdeckung ausgerüstet. Schaltknauf und Abdeckung verfügen über Zusatzschalter zum elektrischen Hoch- und Rückschalten. Zusätzlich ist das Handgas in die Schaltbetätigung integriert.

Einbaufertige Einheit

Ausblick

Will man der Frage nachgehen, wie die zukünftigen Schaltungen in Pkw und in Nutzfahrzeugen aussehen werden, muss man sich zunächst mit der zu erwartenden Motorentechnik auseinander setzen. Die meisten Prognosen gehen davon aus, dass es den Verbrennungsmotor noch lange geben wird, wenngleich der Brennstoff möglicherweise wechseln wird. Die Brennstoffzelle wird einen gewissen Marktanteil erobern, aber auf bestimmte Anwendungen begrenzt sein. Batteriebetriebene Fahrzeuge werden nur in einem kleinen Anwendungsbereich zum Einsatz kommen.

Chancenreiche Doppelkupplungsgetriebe

Zukünftige Fahrzeuge mit Verbrennungsmotoren werden über vielstufige Getriebe mit hohem Wirkungsgrad verfügen, welche die Traktionskurve des Motors optimal nutzen. Deshalb gibt man den elektronisch gesteuerten Doppelkupplungsgetrieben beste Chancen für die Zukunft, zumal deren Entwicklung erst begonnen hat. Die Gestaltungsprinzipien der äußeren Schaltungen von morgen dürften heute bereits alle bekannt sein und waren Gegenstand des vorliegenden Buchs. Die Marktanteile der einzelnen Schaltungsvarianten werden sich jedoch verschieben. Ob die Sprachsteuerung ein gangbarer Weg sein kann, wird die Zukunft zeigen. Die heutigen manuellen Schaltungen werden wohl aus Kostengründen noch lange erhalten bleiben, ihr Marktanteil jedoch zurückgehen.

Zunahme von Tiptronic-/ Steptronic-Schaltungen

Konventionelle Wählbetätigungen werden auf absehbare Zeit komplexeren Ausführungen wie Tiptronic- oder Steptronic-Schaltungen weichen. Für alle Getriebetypen ist der zunehmende Einsatz von Shift-by-Wire-Schaltungen zu erwarten. Früher oder später werden auch Knopfdruckschaltungen in Pkw zum Einsatz kommen.

Die noch effizientere Nutzung des Treibstoffs erfordert weitere, den Fahrer unterstützende elektronische Strategien. Das Mehr an Elektronik im Fahrzeug macht auch bei der äußeren Schaltung entsprechende Anpassungen nötig, die dazu führen werden, dass sich der traditionelle Schalthebel hin zur mechatronischen Baugruppe entwickeln wird. Da das Multifunktionslenkrad heute bereits mit Schaltern überladen ist, wird jedoch nicht damit zu rechnen sein, dass noch weitere Getriebeschaltfunktionen dort untergebracht werden. Ob sich die Schaltung an der Lenksäule etablieren wird, ist derzeit noch fraglich.

Entwicklung zur mechatronischen Baugruppe

Es ist davon auszugehen, dass die bisher übliche Position des Schalthebels in der Mittelkonsole an Dominanz verlieren wird. Der Kunststoff- und Leichtmetallanteil bei der äußeren Schaltung wird zunehmen und sich aus Kostengründen weiter in Richtung Kunststoff verschieben. Außenschaltungen, gleich welchen Typs, werden zukünftig noch stärker von gestalterischen Aspekten bestimmt sein, als dies bereits heute der Fall ist.

Steigender Kunststoffanteil

Zusammenfassend lässt sich feststellen: Die wesentlichen Faktoren, welche die Zukunft der äußeren Schaltung beeinflussen werden, sind die Getriebeentwicklung, die Elektronikanwendungen, das Design sowie der Zwang, zunehmend komplexere Baugruppen auf engem Raum unterzubringen (Packaging).

Literatur

Absenger, M.; Bieber, T.; Röper, H.: *Technische Parameter für die Schaltbarkeit konventioneller Handschaltgetriebe.* VDI-Berichte Nr. 1610, 2001

Barnbeck, A. u.a.: *Automatisiertes Schalten eines konventionellen Basisgetriebes.* 9. Aachener Kolloquium Fahrzeug- und Motorentechnik, 2000

BERKT-Studie: *Automatisierung im Antriebsstrang PKW und Nutzfahrzeuge*, Trends 1997 bis 2010, 6'1997

Bertsche, B.; Nonn, A.: *Betätigung von Automatikgetrieben durch »Shift by Wire«-Konzepte.* VDI-Berichte Nr. 1393, 1998

Braess, H.; Seiffert, U.: *Handbuch Kraftfahrzeugtechnik,* Vieweg Verlag, 2003

Büchs, H. P.: *Getriebe-Außenschaltungen.* VDI-Berichte Nr. 1393, 1998

Büchs, H. P.; Neunzig, T.; Versmold, H.: *Shift by Wire Schaltung, Vereinfachtes Schaltungskonzept mit elektronischer Realisierung von Sicherheitsfunktionen.* VDI-Berichte Nr. 1610, 2001

Ersoy, M.: *Entwicklungstendenzen für Getriebeaußenschaltungen.* VDI-Berichte 1393, 1998

Hehr, B.; Schulé, M.; Schulé, R.: *Getriebe. (CD)* Vogel Verlag, 2000

Krieg, W.-E.; Mertinkat, R: *Die neuen 6-Gang Schaltgetriebe von ZF.* VDI-Berichte 1610, 2001

Lechner, G.; Nauheimer, H.: *Fahrzeuggetriebe.* Springer Verlag, 1994

Leiseder, L. M.: *Mechanische Betätigungszüge. Grundlagen und Anwendungen.* (Die Bibliothek der Technik, Bd. 99). verlag moderne industrie, Landsberg am Lech, 1994

Neuner, J.; Wöste, N.: *Die neue äußere Schaltung von BMW für Automatikgetriebe.* ATZ Automobiltechnische Zeitschrift 96 (1994) 9

Der Partner dieses Buches

JOPP GmbH
Unternehmen der JOPP-Group
Kastanienallee 11
97616 Bad Neustadt

E-Mail: contact@jopp.com
Internet: www.jopp.com

Die JOPP-Group ist eine Unternehmensgruppe, die in sechs Werken in Deutschland und Tschechien tätig ist. Sie beschäftigt ca. 800 Mitarbeiter in den Produktbereichen Schaltungssysteme, mechanische Bauteile (spanende Bearbeitung), Sintertechnologie, Kunststofftechnologie, Elektronik- und Schneidsatztechnologie. Die Entwicklung und Produktion von Schaltungssystemen sind im Stammwerk in Bad Neustadt angesiedelt. Der Entwicklung stehen die CAD-Systeme CATIA, Pro Engineer, Unigraphics, IDEAS und AUTOCAD zur Verfügung. Sie arbeitet mit allen modernen Entwicklungswerkzeugen und Entwicklungsverfahren: FEM, Rapid Prototyping, Simultaneous Engineering, QFD, FMEA usw. Ein leistungsfähiger Muster-, Werkzeug-, Vorrichtungs- und Maschinenbau garantiert kürzeste Entwicklungs- und Serienanlaufzeiten.

Der Umsatz konnte in den vergangenen zehn Jahren verfünffacht und auf 80 Mio. € p.a. in der Firmengruppe gesteigert werden. Die JOPP-Group entwickelt und liefert Schaltungssysteme an BMW, Porsche, VW, Opel, Multicar, John Deere, Getrag Ford Transmission (GFT) und Baugruppen und Komponenten für Schaltungen und Antriebsstrang an Bosch, ZF, Getrag, ZF Sachs, Webasto und andere.

Die JOPP-Group arbeitet eng mit ihren Kunden zusammen, entwickelte in der Vergangenheit eigene Shift-by-Wire-Systeme und hält in diesem Bereich eigene Patente. Damit ist sichergestellt, dass die JOPP-Group mit dem neuesten Stand der Technik vertraut ist, der dann in die zahlreichen Neuentwicklungen einfließen kann. Dazu trägt auch der ständige Vergleich mit technischen Lösungen des Wettbewerbs und angrenzender Technologiefelder bei.

Durch die Zusammenarbeit mit Hochschulinstituten und externen Fachberatern werden Know-how und Kapazitäten erweitert. In den Produktbereichen der Teilefertigung und Montage wird mit den neuesten Fertigungstechnologien und den modernsten Fertigungs- und Materialflusskonzepten gearbeitet. Die Unternehmen der Gruppe sind nach dem Qualitätsmanagementstandard ISO TS 16949 und dem Umweltstandard ISO 14001 zertifiziert und leben die entsprechenden Vorschriften nach innen und außen.